はしがき

『連続体の力学』とは，弾性体と流体の力学を統一的に扱う物理学の一分野である．我々の身のまわりを見渡すと，弾性体や流体に満ち溢れていることに気づく．住宅やマンション，ビルなどの建物，橋梁やタワーなどの構造物，さらには我々の住まう地球そのものなど，これらのものは弾性体と捉えられ，一方で，気象現象の基となる大気や海洋，河川などは流体と考えることができる．こうした弾性体や流体の力学は，高等学校の物理の学習のみならず，大学での入門的物理学の講義でも取り上げられることはほとんど稀であるといってよい．本来ならば，我々の生活に密着した学問であるがゆえに，もっと積極的に学ぶ機会があって然るべきであるように思われる．

本書では，こうした状況を踏まえつつ，18世紀初頭から積み上げられてきた弾性体と流体の力学に関する知見をたどる学習を進める中で，例えばダランベールのパラドックスと呼ばれる現実の現象との矛盾を通して，全体を俯瞰する新たな視点に立つ『連続体』と捉える考え方から定式化することによって，より現実的な問題に取り組むための素地を養うことを目指している．

ところで，現今の大学教育では，ほとんどの科目が一コマ90分で15回の講義をもって2単位とするのが一般的である．この時間数では多くを語ることはできず，入門的ないしは概論的な内容にとどまざるを得ない．それならばそれを逆手にとって，15回の講義に盛り込める最重要課題だけを選び出し，その本質を語ることに専念しようとするのがもう一つの狙いである．

こうした二点を念頭に置いて構成した本書の内容を簡単に概観しておくと，次のようになる．第1章では弾性体と流体の静力学を扱い，具体的に

は棒や梁のねじれや曲げ，座屈といった問題と静止流体のつり合いなどの問題を取り上げる．第2章では，流体の流れの問題を扱うが，ここでは粘性のない完全流体の力学を対象とする．この粘性なしの条件から発生する矛盾を克服するために，第3章では連続体の変形と運動を一般的に表示する方法について論じたのち，運動の基礎方程式を導出する．この準備の基に，第4章では弾性体の振動と波動の問題を，第5章では粘性流体の流れの問題を扱っている．

　半期15回の講義では，『連続体の力学』という広範な内容のほんの一部のみしか取り上げられないが，連続体に関する考え方，問題の定式化といったことについてはかなり丁寧に述べておいたので，本格的な内容をさらに学習する際には十分に役立つものと考えている．巻末に分野ごとの書籍を掲げておいたので，さらに進んで学ばれることを期待したい．

　最後に，本書を出版することになった切っ掛けについてふれておきたい．それは，宇宙航空研究開発機構（JAXA）航空技術部門の跡部隆博士を介して明治大学理工学部物理学科における専門科目『連続体の力学』の講義依頼を受けたことにある．講義を担当する中で，時間数に適した教科書が見つからないという不便さがあり，それならば時間数に合うような講義プリントを準備しようと考えたのが発端である．本書はそれに加筆訂正を行い，さらに演習問題を加味したものになっている．跡部博士には本書全体にわたる査読をお願いしたところ，多忙中にもかかわらず快くお引き受け下さり，貴重なご教示をいただいた．心より謝意を表したい．

　そして，何よりも本書を上梓する機会が得られたのは，ひとえに日本評論社数学編集部の大賀雅美氏，入江孝成氏による終始適切な助言とご尽力をいただいたことによるものである．ここに記して，感謝の意を表したい．

2017年5月20日　　　　　　　　　　　　　　　　　　　　著者識

目次

はしがき ……………………………………………………………………… i

序
連続体とその力学 …………………………………… 002

第1章
弾性体の変形と静止流体 ……………………… 005

1.1 応力と歪み ………………………………………………… 005
1.2 弾性体の変形特性 ………………………………………… 007
1.3 弾性率 ……………………………………………………… 008
1.4 ねじれ ……………………………………………………… 014
1.5 曲げ ………………………………………………………… 015
*1.6 座屈 ………………………………………………………… 022
1.7 静水圧 ……………………………………………………… 024
*1.8 位置落差と圧力 …………………………………………… 026
　演習問題 …………………………………………………… 030

第2章
完全流体の流れ ………………………………… 032

2.1 流体運動の記述法 ………………………………………… 032

2.2	流線と流跡線	034
2.3	渦線と渦管	036
2.4	連続の方程式	041
2.5	運動方程式	044
2.6	ベルヌーイの定理とその応用	046
*2.7	流線曲率の定理	051
2.8	ポテンシャル流の一般的特性	054
2.9	2次元ポテンシャル流	058
2.10	円柱を過ぎる流れ	064
	演習問題	070

第3章
連続体の変形と 運動の一般的表示 072

3.1	連続体に働く力	072
3.2	応力テンソル	073
3.3	変形テンソル	078
3.4	変形速度テンソル	085
3.5	構成方程式	089
3.6	運動方程式	096
	演習問題	102

第4章

弾性体の振動と波動 103

- 4.1 弾性波 103
- *4.2 棒の縦振動と波動 111
- *4.3 矩形膜の振動と波動 117
- 演習問題 124

第5章

粘性流体の流れ 125

- *5.1 レイノルズの相似法則 125
- 5.2 平行流 129
- *5.3 遅い粘性流 136
- 演習問題 144

演習問題の解答 145

参考文献 165

索引 166

（＊は時間数により省略可能な項目）

入門　連続体の力学

序

連続体とその力学

連続体とは

　空間的に連続的な広がりをもち，内部で変形や運動を起こすことが可能な物体，つまり弾性体や流体[1]を**連続体**という．これを物理的に扱うには，連続体中の各時刻，各点における密度，温度，圧力などの巨視的量の値が，それに対応する微視的量の平均値として求められるような微視的には十分に大きく，かつ巨視的には十分に小さい範囲に着目し，それを物理的実体とみなして**連続体粒子**と考える**連続体近似**を導入するのである．

　もう少し具体的にいえば，標準状態(0℃，1気圧)の気体(空気)で考えると，その体積は 1 mol 当たり 22.4 L($= 22.4 \times 10^6$ mm³) を占め，かつその体積中にはアボガドロ数，つまり 6.023×10^{23} 個の分子が含まれるから，稜の長さが 10^{-3} mm の立方体中の分子数を考えると

$$\frac{6.023 \times 10^{23} \text{ 個}}{22.4 \times 10^6 \text{ mm}^3} \times 10^{-9} \text{ mm}^3 = 2.689 \times 10^7 \cong 3 \times 10^7 \text{ 個}$$

となって，十分に多くの空気分子が含まれることがわかる．これを連続体粒子とすると，この立方体の大きさは通常の空気の運動を考えるときには無限小と考えてよいので，空気を十分な精度で連続体と考えることが許される．

　また，別の見方としては，標準状態での空気分子の空間的，時間的な平均尺度として，それぞれ平均自由行程が 5.2×10^{-8} m，平均衝突時間が 1.1×10^{-10} s であることを考慮すると，いま空気の運動に対する空間的尺度を 1 cm，時間的尺度に 1 s を考えるとすれば，これらの値は上記平均値より十分に大きいので，巨視的な空気の運動に対しては，連続体近似が十分に成り立つといってよい．

このように，連続体とは連続体粒子の集合からなる物体と考えるのであ
るが，これはあくまでも一つの近似モデルであることに注意しよう．その
モデルの対象としては，木材や鋼材などの固体，水や空気，油などの流体[1]，
さらには地球そのものや星々の集団が形成する銀河系などが挙げられる．

連続体の力学の構成

　連続体の静的または動的な振る舞いを理解するには，それが一体となっ
て変化するという事実に着目する必要がある．まず，連続体中に固定した
閉領域を考えると，そこへ進入する連続体粒子群と出て行く粒子群は一定
に保たれるという質量保存の法則が成立すると考えられ，これを定式化す
ることが第一歩である．

　次に，連続体中の一つの連続体粒子に注目すると，それに接して存在す
る多数の連続体粒子から接触力，つまり張力や圧力を受けるという姿があ
る．当然，遠隔作用としての重力も働くのであるから，これらの力を考慮
した運動方程式を立てることが必要になる．

　上に見たことは連続体粒子の運動を支配する物理法則についての考察で
あったが，つづいては連続体そのものの物理的個性とも言える弾性体とか
流体といったそのものの本質的違いを数理的に表現することが必要になる．
この場合，連続体が均質であるか否か，また等方性[2]の性質をもつかどう
かといったことが定式化の対象となる．

　こうして得られた三つの方程式が，連続体の力学の基礎方程式となる．
したがって，連続体の静的または動的な振る舞いを理解するには，これら
の方程式を連立方程式として，個々の現象における初期条件や境界条件の
もとに解くことが求められるのである．一口に解くといっても簡単に解け
る問題はわずかであり，多くはある一定の条件や近似の下に解けるといっ
た具合である．したがって，現実的問題に関しては，コンピューターを駆
使した数値解析に頼らざるを得ないというのが一般的状況となっている．
実際に，飛行機の翼や胴体周辺，さらにロケットの胴体周辺の空気の流れ
の数値解析からそれらの空気力学的特性が計算されるといった現状がある．

---

1) 液体や気体の総称．
2) 1.3 節を参照．

本書では，連続体の力学の構成を理解してもらう意味から，18〜19世紀にかけて発展してきた弾性体の静力学と完全流体の力学をそれぞれ第1章と第2章で学び，それらを俯瞰する連続体の力学としての観点から統一した定式化について第3章で学ぶという構成をとっている．

第1章

弾性体の変形と静止流体

1.1 応力と歪み

物体に外力を加えて変形を生じたとき，この変形を支配する物体のもつ物理的性質が**弾性**と**塑性**である．弾性とは，変形をもとへ戻そうとする性質であり，その性質をもつ物体を**弾性体**という．また，塑性とは，破壊せずに連続的に変形する性質であって，外力がある限界値を超えると発生する現象である．

弾性体が外力を受けると，その内部の力学的状態が変化するが，その内部の任意の断面における単位面積あたりの内力を**応力**という．図1.1に示すような細長い棒を考えると，棒の軸に垂直な断面の面積を S，軸方向に引き伸ばす場合や圧縮する場合の外力を F とすると，このときの応力 f は

$$f \equiv \frac{F}{S} \tag{1.1}$$

で定義する．このとき，棒を引き伸ばすときの応力を**引張り応力**といい正値で表し，圧縮するときの応力を**圧縮応力**と呼んで負値で表す．

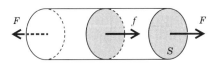

図1.1 応力の定義

また，図1.2のように，棒の任意の断面を考えるときには，その法線が棒の軸となす角をθとすると，断面の面積は$S/\cos\theta$となるので，その断面における応力f'は

$$f' = \frac{F}{S/\cos\theta} = f\cos\theta$$

と表される．このとき，応力f'は断面に垂直な成分と平行な成分に分けられるが，前者を**法線応力**といい，後者を**接線応力**，または**せん断応力**，あるいは**ずり応力**などと呼ぶ．そして，図1.2から法線応力$f_\perp$と接線応力$f_{/\!/}$は，それぞれ

$$f_\perp = f'\cos\theta = f\cos^2\theta \tag{1.2a}$$

$$f_{/\!/} = f'\sin\theta = f\sin\theta\cos\theta = \frac{f}{2}\sin 2\theta \tag{1.2b}$$

と表され，それぞれの値が最大になるのは法線応力では$\theta = 0°$のとき，接線応力では$\theta = 45°$のときである．

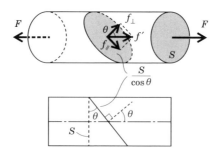

図1.2 法線応力と接線応力

一方，弾性体は外力を受けると変形するが，その変形の度合いを**歪み**という．長さlの弾性体が外力を受けてその長さが$l + \Delta l$になったとすると，このときの歪みεは

$$\varepsilon \equiv \frac{\Delta l}{l} \tag{1.3}$$

で定義する(図1.3)．そして，ε が正なら引張り応力による伸び率を，また負なら圧縮応力による縮み率を表している．

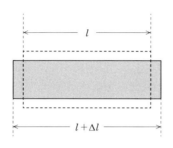

図1.3 歪みの定義

1.2 弾性体の変形特性

図1.4に示すような銅の試験片を用意し，その両端を引張り試験機に固定して徐々に力を加えると，その断面積は減少し長さは伸びる変化を示す．試験片に力を加える前の断面積と長さをもとに求めた応力と歪みは，それぞれ**公称応力**，**公称歪み**と呼ばれるが，前者を縦軸に，後者を横軸にとって描いたのが図1.5である．図中，点Pまでは公称応力と公称歪みは比例関係にあってフックの法則[1]が成り立ち，点Eまでは外力を取り去ると試験片はもとの大きさ形に戻ることができる．このような特性から，点Pを**比例限界**，点Eを**弾性限界**と呼んでいる．しかし，点Eを越えると力を取り去っても歪みが残るようになり，このときの歪みを**残留歪み**とか**塑性歪み**，もしくは**永久歪み**などという．その後も力を加え続けると，公称応力はほとんど増加せずに公称歪みだけが増加するが，このときの点Yを**降伏点**といい，材料が塑性変形を起こし始める公称応力を与える．そしてそれ以降では，再び公称応力も次第に増加するが，点Bに至って最高値に達し，その後は減少に転じて点Zで破断する．点Bの公称応力を**引張り強度**といい，公称応力の最大値を表す．また，図中破線で示した右上がりの曲線は，加えた力をその瞬間の試験片の断面積で割って得られる**真の応力**を

---

[1] 1.3節を参照．

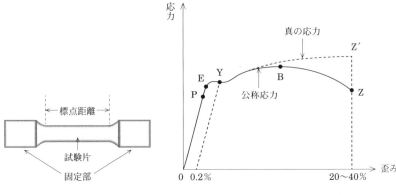

図 1.4　銅の試験片　　　　図 1.5　銅の応力と歪みの関係

表すもので，この場合には，応力はつねに増加する．

　図に示すように，点 Y と点 Z が離れている材料，つまり金属のもつ引き伸ばされやすい性質を**延性**といい，これに対して，ガラスのように塑性や延性を欠き外力による変形の小さいうちに破壊する性質を**脆性**という．

1.3 弾性率

　ここでは，方向に偏りのない**等方性**の弾性体を仮定し，加えて，応力とそれによる歪みが比例関係にある**線形弾性体**を考える．

引張り応力または圧縮応力による変形

　弾性体に加えた応力を f とし，それによる応力の方向の歪みを ε とすれば，比例定数を E としてこの間の関係は

$$f = E\varepsilon \tag{1.4}$$

と書ける．これを**フックの法則**といい，E を**ヤング率**と呼ぶ．

　一般に，弾性体を一方向に引き伸ばすと，それに垂直な方向には縮み，逆に，圧縮するとそれと垂直な方向には膨らむ．応力方向の歪みを $\varepsilon_{/\!/}$，それに垂直な方向の歪みを $\varepsilon_\perp$ とすると，この比は弾性限界内で一定で，これ

第1章　弾性体の変形と静止流体

をポアソン比 σ と呼び，

$$\sigma \equiv -\frac{\varepsilon_\perp}{\varepsilon_{/\!/}} \tag{1.5}$$

で定義する．ここで，負の符号が付くのは，σ を正値として定義するためである．つまり，$\varepsilon_{/\!/} > 0$ なら $\varepsilon_\perp < 0$ であり，$\varepsilon_{/\!/} < 0$ なら $\varepsilon_\perp > 0$ であるからである．

　次に，気体で膨らました風船を水中に没したときのように，周囲から一定の圧力，つまり圧縮応力を受ける場合を考えよう．いま，圧力変化 Δp により風船内の気体の体積が V から $V+\Delta V$ に変化したとすると，このときの体積変化率は $\Delta V / V$ であるから，圧力変化 Δp と体積変化率 $\Delta V / V$ の関係は，比例定数を k として

$$\Delta p = -k\frac{\Delta V}{V} \tag{1.6}$$

と表される．ここに，k は**体積弾性率**と呼ばれ，この逆数を**圧縮率**という．ここでも負の符号が付くのは，圧力増加（$\Delta p > 0$）のとき体積減少（$\Delta V < 0$）となり，また，圧力減少（$\Delta p < 0$）のとき体積増加（$\Delta V > 0$）となるからである．

E, σ, k の関係

　上に導入した三つの弾性率の間には，何らかの関連性がある．次に，この問題を考えよう．図1.6に示すような直方体形の線形弾性体を考える．この弾性体の各稜を x, y, z 軸とし，弾性体の各面に各軸に平行に引張り応力 f_x, f_y, f_z を加えるものとしよう．このときの x 軸方向の歪み ε_x は f_x / E と $-\sigma f_y / E$ および $-\sigma f_z / E$ の和で与えられるから，

$$\varepsilon_x = \frac{f_x}{E} - \sigma\frac{f_y}{E} - \sigma\frac{f_z}{E} = \frac{f_x - \sigma(f_y + f_z)}{E} \tag{1.7a}$$

となる．同様にして，y, z 軸方向の歪み $\varepsilon_y, \varepsilon_z$ も得られて，

$$\varepsilon_y = \frac{f_y}{E} - \sigma\frac{f_z}{E} - \sigma\frac{f_x}{E} = \frac{f_y - \sigma(f_z + f_x)}{E} \tag{1.7b}$$

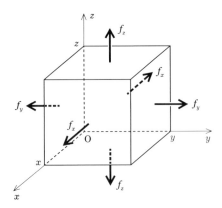

図1.6 弾性体の各面に加えた引張り応力

$$\varepsilon_z = \frac{f_z}{E} - \sigma\frac{f_x}{E} - \sigma\frac{f_y}{E} = \frac{f_z - \sigma(f_x + f_y)}{E} \tag{1.7c}$$

となる．したがって，この引張り応力による各稜の伸びを $\varDelta x, \varDelta y, \varDelta z$ とすると，弾性体の体積変化率 $\varDelta V/V$ は(1.7)式を使って，

$$\begin{aligned}\frac{\varDelta V}{V} &= \frac{(x+\varDelta x)(y+\varDelta y)(z+\varDelta z) - xyz}{xyz} \\ &= \left(1+\frac{\varDelta x}{x}\right)\left(1+\frac{\varDelta y}{y}\right)\left(1+\frac{\varDelta z}{z}\right) - 1 \\ &= (1+\varepsilon_x)(1+\varepsilon_y)(1+\varepsilon_z) - 1 \\ &\cong \varepsilon_x + \varepsilon_y + \varepsilon_z = \frac{1-2\sigma}{E}(f_x + f_y + f_z)\end{aligned} \tag{1.8}$$

と表される．ここで，歪み $\varepsilon_x, \varepsilon_y, \varepsilon_z$ の2次以上の微小量は無視した．

さて，この変形が一様な引張り応力 $-\varDelta p\,(\varDelta p < 0)$ によるものとすると，

$$f_x = f_y = f_z = -\varDelta p \tag{1.9}$$

である．

したがって，(1.9)式を(1.8)式に代入すれば，

$$\frac{\varDelta V}{V} = \frac{1-2\sigma}{E}(-3\varDelta p)$$

$$\therefore \quad \Delta p = -\frac{E}{3(1-2\sigma)} \frac{\Delta V}{V} \tag{1.10}$$

が得られる.

しかるに,求める関係式は,(1.6)式と(1.10)式を比較して

$$k = \frac{E}{3(1-2\sigma)} \tag{1.11}$$

と得られる.

ずれ変形

図1.7に示すような立方体形弾性体の上面と下面に,互いに逆向きに,面に平行に接線応力を加える.このとき回転が生じないとすれば,左右の面にも同じ大きさの接線応力が作用していなければならない.この結果,弾性体には上下の面が平行にずれる変形を生じるが,これを(純粋な)**ずれ**または**ずり**という.ずれ変形の大きさは図中に示した角度θで表し,これを**ずれ角**という.いま,上下の面に作用した接線応力をfとすると,これとずれ角θとの間には,線形弾性体であることを考慮して,

$$f = G\theta \tag{1.12}$$

の関係がある.ここに,比例定数Gは**ずれ弾性率**または**剛性率**と呼ばれる[2]).

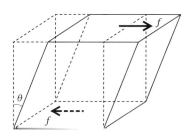

図1.7 ずれ変形

---

2) Gの値の極限として,$G = \infty$のときは剛体に,また$G = 0$のときは流体に対応する.なお,剛体とは外力を受けても変形しない理想的な物体を指す.

E, σ, G の関係

図 1.8(a) に示すように,一辺の長さ l の立方体形弾性体 ABCD が六面体 ABC′D′ にずれ変形をしたときの内部応力状態を考えよう.このとき,各辺の中点を結んでできる内部立方体 KLMN は六面体 K′L′M′N′ に変形する(図 1.8(b), (c)).すなわち,対角面 AC 方向(x 軸方向)には伸び,対角面 BD 方向(y 軸方向)には縮む.このことは,図 1.8(b) にあるように,面 KN と LM には引張り応力 $2 \times \{(f/\sqrt{2}) \times (l^2/2)\}/(\sqrt{2} \times l^2/2) = f$ が,また面 KL と MN には圧縮応力 $-f$ が働くことを意味する.これにより対角面 AC 方向の歪み ε_x が生じると考えられるから (1.7a) 式に $f_x = f$,

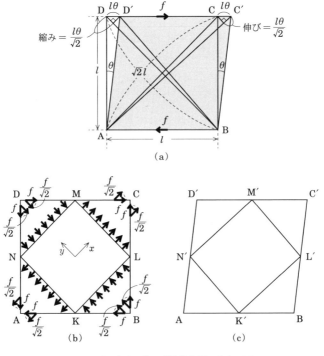

図 1.8 ずれ変形に伴う弾性体内部の応力と歪み

$f_y = -f$, $f_z = 0$ を代入して，$\varepsilon_x = (1+\sigma)f/E$ を得る．

一方，対角面 AC 方向の伸びは $l\theta/\sqrt{2}$ であるから，この方向の歪み ε_x は $\varepsilon_x = (l\theta/\sqrt{2})/(\sqrt{2}l) = \theta/2$ となる．

したがって，この二つの結果を等しいと置けば $(1+\sigma)f/E = \theta/2$ となるから，これに(1.12)式を代入すれば

$$G = \frac{E}{2(1+\sigma)} \tag{1.13}$$

の関係が得られる．

ポアソン比の特性と変形による体積変化

一般に，$k > 0$, $E > 0$ と考えてよいので，(1.11)式から $\sigma < 1/2$ であり，さらに $G > 0$ を考慮すると(1.13)式から $\sigma > -1$ となる．したがって，ポアソン比は

$$-1 < \sigma < \frac{1}{2} \tag{1.14}$$

の範囲の値をとると見られる．また，$\sigma = 1/2$ であるときは，(1.8)式から変形による弾性体の体積変化は生じないことがわかる．

さらに，ずれ変形においては，先の $f_x = f$, $f_y = -f$, $f_z = 0$ の関係を

表 1.1　いろいろな物質の弾性率

物　質	$E[\times 10^{10}\,\mathrm{N/m^2}]$	σ	$k[\times 10^{10}\,\mathrm{N/m^2}]$	$G[\times 10^{10}\,\mathrm{N/m^2}]$
アルミニウム	7.03	0.345	7.55	2.61
ガラス（クラウン）	7.13	0.22	4.12	2.92
弾性ゴム	$(1.5\sim5)\times10^{-4}$	$0.46\sim0.49$	—	$(5\sim15)\times10^{-5}$
黄銅（真鍮）	10.06	0.350	11.18	3.73
チタン	11.57	0.321	10.77	4.38
鋼鉄	$20.1\sim21.6$	$0.28\sim0.30$	$16.5\sim17.0$	$7.8\sim8.4$
銅	12.98	0.343	13.78	4.83
ポリエチレン	$0.04\sim0.13$	0.458	—	0.026
木材（杉）	0.785	—	—	—

(1.8)式に代入すると，弾性体の体積変化率は $\Delta V/V = 0$ となって，純粋なずれ変形では体積変化を生じないことが示される．

1.4 ねじれ

エンジンやモーターの駆動力を車輪などに伝達するには，プロペラシャフトと呼ぶ細長い金属の丸棒を使用する．このとき，丸棒の両端には互いに逆向きの偶力が加わるが，これによって丸棒に生じる変形が**ねじれ**である．これはずれ変形の一種であるが，なかでもずれが一様でない場合である．ここでは，この問題を考えよう．

図 1.9 に示すように，半径 R，長さ L，ずれ弾性率 G の丸棒の両端に互いに逆向きの偶力を加えて角 Φ だけねじったときの，棒の中心軸から半径 r と $r+dr$ に挟まれた薄い円筒部分について考える．円筒部分の側面に生じたずれ角を θ とすると，$L\theta = r\Phi$ であるから，

$$\theta = \frac{\Phi}{L}r \tag{1.15}$$

である．したがって，円筒部分に作用する接線応力 f は，(1.12)式と

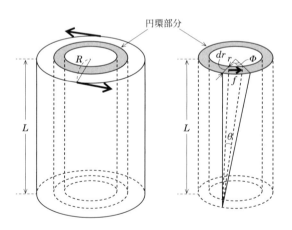

図 1.9　丸棒のねじれ

第1章　弾性体の変形と静止流体

(1.15)式から

$$f = G\theta = \frac{G\Phi}{L}r \tag{1.16}$$

となる．この接線応力が作用する円筒両端の円環部分の面積は $2\pi r dr$ であるから，この円環部分に働く中心軸に関するねじれモーメント dN は，(1.16)式を使って

$$dN = f \cdot 2\pi r dr \cdot r = \frac{2\pi G\Phi}{L}r^3 dr \tag{1.17}$$

と表される．しかるに，丸棒の両端に働くねじれモーメント（**トルク**ともいう）N は，(1.17)式を $r = 0$ から $r = R$ まで積分して

$$N = \int_0^R \frac{2\pi G\Phi}{L}r^3 dr = \frac{\pi G R^4}{2L}\Phi \tag{1.18}$$

と得られる．ここから，一定のねじれモーメント N が作用するとき，ねじれ角 Φ は丸棒の半径 R の4乗に反比例することがわかる．したがって，針金のように半径を小さくすると，一定のねじれモーメント N に対して，大きなねじれ角 Φ を引き出すことができることから，イギリスの物理学者 H. キャベンディッシュは，1798年に万有引力定数を求めることに初めて成功している．

1.5 曲げ

棒の両端に，その中心軸と垂直な同方向の外力を加えると，棒の一方の側面は伸び，それと反対側の面は縮むという変形を生じる．これを**曲げ**または**たわみ**という．このとき棒の内部には伸びも縮みもしない面が存在するが，これを**中立面**と呼ぶ．

歪みと応力

曲がった棒の形状は中立面の縁にあたる**中立線**で表されるが，これを使って曲げを受けているときの断面での歪みと応力を考えよう．図 1.10(a) にあるように，中立線上の一点 P と曲率中心 O を結ぶ線を z 軸とし，それ

に垂直に x 軸を，これらが右手系をなすように y 軸を設定する．曲率中心 O に対する中心角 $\Delta\theta$ に応ずる棒の部分の中立線から距離 z における断面に生じる歪み $\varepsilon(z)$ は，中立線の曲率半径を R として

$$\varepsilon(z) = \frac{(R+z)\Delta\theta - R\Delta\theta}{R\Delta\theta} = \frac{z}{R} \tag{1.19}$$

となるから，その断面に働く引張り応力 f は，

$$f(z) = E\varepsilon(z) = \frac{E}{R}z \tag{1.20}$$

である．したがって，図 1.10(b) にある微小断面積 $dydz$ に働く引張り力 dF は

$$dF = f(z)\,dydz = \frac{E}{R}z\,dydz$$

となるので，棒の断面全体に働く曲げモーメント N は

$$N = \iint_{断面全体} z\,dF = \frac{E}{R}\iint_{断面全体} z^2\,dydz \tag{1.21}$$

となる．ここで，**断面 2 次モーメント**

$$I \equiv \iint_{断面全体} z^2\,dydz \tag{1.22}$$

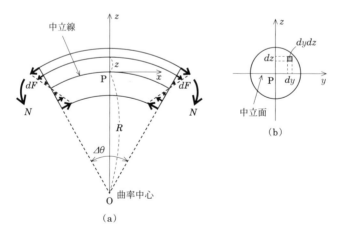

図 1.10 棒の曲げ

を定義すれば，(1.21)式は

$$N = \frac{EI}{R} \tag{1.23}$$

と表されることになる．これを**ベルヌーイ-オイラーの式**という．ここで，EI は**曲げ強さ**とか**曲げ剛性率**と呼ばれ，単位曲率変化を生じるための曲げモーメントの大きさを与える．

断面 2 次モーメントの計算

(1) 長方形断面の場合

図 1.11(a)より，次のようになる．

$$I = \int_{-\frac{a}{2}}^{\frac{a}{2}} dy \int_{-\frac{b}{2}}^{\frac{b}{2}} z^2 dz = \frac{1}{12} ab^3 \tag{1.24}$$

(2) 円形断面の場合

図 1.11(b)のように，極座標 (r, θ) を導入すると $z = r\sin\theta$ であるから，

$$\begin{aligned} I &= \int_0^a \int_0^{2\pi} z^2 r\, d\theta dr = \int_0^a r^3 dr \int_0^{2\pi} \sin^2\theta\, d\theta \\ &= \frac{1}{4} a^4 \int_0^{2\pi} \frac{1}{2}(1-\cos 2\theta)\, d\theta = \frac{1}{4}\pi a^4 \end{aligned} \tag{1.25}$$

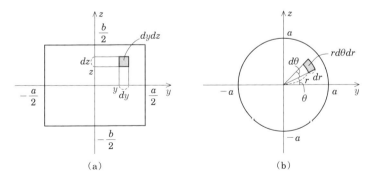

図 1.11 棒の断面

と得られる.

たわみ曲線の方程式

棒に外力(**荷重**ともいう)を加えて曲げたときの中立線の形状を表す曲線のことを**たわみ曲線**と呼ぶが,次に,これを計算する基礎方程式を求めよう.

図 1.12 に示すように,棒の一端を鉛直な壁に水平に固定したときの棒の中心軸方向を x 軸とし,壁面に沿って鉛直下方向を z 軸としよう.棒の他端に棒の中心軸に垂直に外力を加えて(図 1.13 参照)棒に曲げ変形を与えたときの中立線上の接近した二点 P, Q における接線が x 軸となす角をそれぞれ $\theta, \theta+d\theta$ とする.このとき,点 P では

$$\frac{dz}{dx} = \tan\theta \tag{1.26}$$

の関係が成り立つから,この式を x で微分して,再び(1.26)式を用いれば

$$\frac{d^2z}{dx^2} = \sec^2\theta \frac{d\theta}{dx} = (1+\tan^2\theta)\frac{d\theta}{dx} = \left\{1+\left(\frac{dz}{dx}\right)^2\right\}\frac{d\theta}{dx} \tag{1.27}$$

となる.

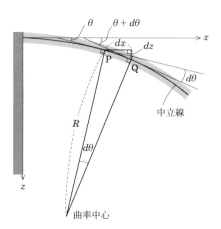

図 1.12 棒のたわみ曲線

第 1 章　弾性体の変形と静止流体

　一方，点 P から点 Q までの x 方向の増分を dx，z 方向の増分を dz とし，弧 PQ の曲率半径を R とするとその中心角は $d\theta$ となるから，これより弧 PQ に着目すれば

$$Rd\theta = \text{弧 PQ} \cong \sqrt{(dx)^2 + (dz)^2} = \sqrt{1 + \left(\frac{dz}{dx}\right)^2}\, dx$$

$$\therefore \quad \frac{d\theta}{dx} = \frac{1}{R}\sqrt{1 + \left(\frac{dz}{dx}\right)^2}$$

が得られて，この式を (1.27) 式へ代入すれば

$$\frac{d^2z}{dx^2} = \frac{1}{R}\left\{1 + \left(\frac{dz}{dx}\right)^2\right\}^{\frac{3}{2}} \tag{1.28}$$

となる．したがって，(1.23) 式と (1.28) 式から曲率半径 R を消去すれば，

$$\frac{N}{EI} = \frac{\dfrac{d^2z}{dx^2}}{\left\{1 + \left(\dfrac{dz}{dx}\right)^2\right\}^{\frac{3}{2}}}$$

が得られる．実際には θ は微小であることを考慮すると (1.26) 式から $dz/dx \cong 0$ であるので，これを上式に代入して

$$\frac{d^2z}{dx^2} = \frac{N}{EI} \tag{1.29}$$

を得る．これが**たわみ曲線の方程式**である．ここで，曲げモーメント N の符号であるが，z 軸の正方向へたわみを増す場合を正，逆に負方向へ増すときを負と定める．

片持ち梁のたわみ

　長さ l の梁の一端を鉛直な壁に固定し，他端に梁の中心軸に垂直に外力 F を加えて曲げたときの，他端でのたわみ z を求めよう．図 1.13 にあるように，壁からの距離 x における曲げモーメント N は

$$N = (l - x)F \tag{1.30}$$

となるから，このときのたわみ曲線の方程式は (1.29) 式に (1.30) 式を代入して，

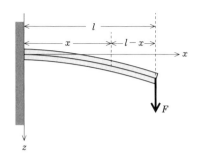

図 1.13 片持ち梁のたわみ

$$\frac{d^2z}{dx^2} = \frac{F}{EI}(l-x) \tag{1.31}$$

となる．そこで，この両辺を x で積分すれば

$$\frac{dz}{dx} = \frac{F}{EI}\left(lx - \frac{1}{2}x^2\right) + C_1 \quad (C_1：積分定数)$$

となるが，境界条件として $x = 0$ で $dz/dx = 0$（梁の固定点では，中立線上の接線の傾きは 0）を適用すると $C_1 = 0$ となるから，上式は

$$\frac{dz}{dx} = \frac{F}{EI}\left(lx - \frac{1}{2}x^2\right)$$

と定まる．この式をさらに x で積分すれば

$$z = \frac{F}{EI}\left(\frac{l}{2}x^2 - \frac{1}{6}x^3\right) + C_2 \quad (C_2：積分定数)$$

となるが，境界条件として $x = 0$ で $z = 0$（梁の固定点での変位は 0）を適用すれば $C_2 = 0$ となるので，梁の中立面の各部の変位を表す式は

$$z = \frac{F}{EI}\left(\frac{l}{2}x^2 - \frac{1}{6}x^3\right) \tag{1.32}$$

と求められる．これより，梁に荷重を加えた先端での最大たわみ z_m は，(1.32)式に $x = l$ を代入して

$$z_m = \frac{Fl^3}{3EI} \tag{1.33}$$

となる．

簡単な数値例を示しておこう．断面が一辺 10 cm の正方形で，長さ 5.0 m の鋼鉄の片持ち梁の先端に，その中心軸に垂直に 500 kgf の荷重を加えるときの，梁の先端のたわみを求めよう．鋼鉄のヤング率は $E = 2.10 \times 10^{11}$ N/m², 断面2次モーメントは $I = (1/12) \cdot 0.100 \cdot (0.100)^2 \cong 8.33 \times 10^{-6}$ m⁴ であるから，これらの値を(1.33)式に代入すれば，最大たわみ z_m は，

$$z_m = \frac{500 \times 9.81 \times 5.0^3}{3 \times 2.10 \times 10^{11} \times 8.33 \times 10^{-6}} \cong 0.117 \text{ m} \cong 12 \text{ cm}$$

と得られる．ここに，9.81 m/s² は重力加速度である．

単純支持梁のたわみ

長さ l, ヤング率 E, 断面2次モーメント I の梁の両端を支持台にのせ，その中央に中心軸に垂直に外力 F を加えて梁を曲げるときの中央のたわみ z_m を求めよう．この様子を図1.14(a)に示すが，この場合，図1.14(b)にあるように，梁の中央で分離して考えると，(図面を逆さまにして見るとき)片側でのたわみは片持ち梁の場合と同じになる．したがって，(1.33)式で $l \to l/2$, $F \to F/2$ を代入して

$$z_m = \frac{Fl^3}{48EI} \tag{1.34}$$

と求められる．

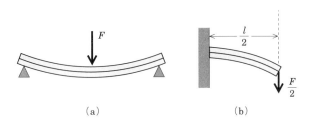

図 1.14 単純支持梁のたわみ

1.6 座屈

　プラスチック製の定規や下敷きの両端に圧縮する力を加えると，はじめはその力に耐えているが，あるとき突然たわみが発生する．この現象を**座屈**という．つまり，弾性体がその軸方向と直角な向きに変形する現象である．ここでは，たわみ曲線の方程式を使って，この問題を考察してみる．

　長さ l の長柱を鉛直に固定し，その上端に荷重 F を加えたとき，座屈によって長柱の上端が図 1.15 のように δ だけたわんだとする．長柱の固定端を原点として鉛直上向きに x 軸を，水平方向に z 軸を設定すると，固定端から距離 x での曲げモーメント N は，

$$N = F(\delta - z) \tag{1.35}$$

となる．したがって，たわみ曲線の方程式は(1.35)式を(1.29)式に代入して

$$\frac{d^2 z}{dx^2} = \frac{F}{EI}(\delta - z) \tag{1.36}$$

と得られる．ここで，

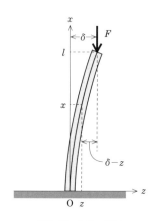

図 1.15 長柱の座屈

$$\delta - z = u \tag{1.37}$$

と置くと，(1.36)式は

$$\frac{d^2u}{dx^2} = -\frac{F}{EI}u \tag{1.38}$$

と書けて，単振動の微分方程式となる．この一般解は，任意定数を A, B として

$$u = A\cos\left(\sqrt{\frac{F}{EI}}\,x + B\right)$$

表されるから，これを(1.37)式に代入して，たわみ z は

$$z = \delta - A\cos\left(\sqrt{\frac{F}{EI}}\,x + B\right)$$

と書けることになる．ここで，境界条件： $x = 0$ で $dz/dx = 0$, $z = 0$ を適用すると，順に $B = 0$ および $A = \delta$ を得るので，これらを上式に代入すれば，長柱の固定端から距離 x でのたわみ z を表す式は

$$z = \delta\left(1 - \cos\sqrt{\frac{F}{EI}}\,x\right) \tag{1.39}$$

と定まる．これがたわみ曲線の式である．

さて，長柱の上端でのたわみに注目すると，$x = l$ で $z = \delta$ であるから，この条件を(1.39)式に代入すれば，

$$\delta\cos\sqrt{\frac{F}{EI}}\,l = 0 \tag{1.40}$$

を得る．ここで，$\sqrt{F/(EI)}\,l < \pi/2$ なら $\cos\sqrt{F/(EI)}\,l \neq 0$ であるので

$$\delta = 0 \tag{1.41}$$

が得られて，長柱は座屈せず真っ直ぐであることがわかる．

ところが，$\delta \neq 0$ となるときは，(1.40)式の解として

$$\sqrt{\frac{F}{EI}}\,l - \frac{\pi}{2}, \frac{3\pi}{2}, \frac{5\pi}{2}, \cdots\cdots$$

が求まり，このうち実際に起こりうるものは最小値 $\pi/2$ の場合であって，最小荷重 F_{cr} は

$$F_{cr} = \frac{\pi^2 EI}{4l^2} \tag{1.42}$$

と定まる．これを，**オイラーの座屈荷重**または**限界荷重**と呼ぶ．荷重がこの値に達すると δ は任意の値をとることができるから，長柱はいかようにもたわんで，ついには破壊に至ることになる．

また，図 1.16 のような定規や平板など，両端回転端の両端に圧縮荷重を加える場合には，一端固定，他端自由の長柱二本の連結から成ると考えられるので，このときの座屈の最小荷重 F_{cr} は，(1.42)式で $l \to l/2$ と置き換えて

$$F_{cr} = \frac{\pi^2 EI}{l^2} \tag{1.43}$$

と得られる．

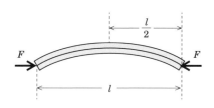

図 1.16 定規や平板の座屈

1.7 静水圧

静止する流体中に一つの平面を考えると，この面に働く力は法線成分のみで接線成分をもたない．これが静止流体の特徴である．以下では，流体中の任意の一点における法線応力がどのような性質をもつのかを考察してみよう．

図 1.17 に示すように，流体中の一点 O を通り鉛直上方向に z 軸を，また点 O を通る水平面内に互いに直角に x 軸，y 軸をとる．さらに，x, y, z 各軸上に点 O に接近して点 A, B, C をとり，この 4 点を平面で結んで得られる微小な四面体 OABC に働く力のつり合いを考える．△OBC 面，

第1章 弾性体の変形と静止流体

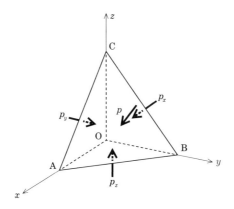

図 1.17 静止流体のつり合い

△OCA 面，△OAB 面および △ABC 面に働く法線応力をそれぞれ p_x, p_y, p_z, p とし，△ABC 面の外向き法線の方向余弦を (l, m, n) とすれば，

$$\left.\begin{array}{l}\triangle\text{OBC の面積} = \triangle\text{ABC の面積} \cdot l \\ \triangle\text{OCA の面積} = \triangle\text{ABC の面積} \cdot m \\ \triangle\text{OAB の面積} = \triangle\text{ABC の面積} \cdot n\end{array}\right\} \tag{1.44}$$

の関係があるから，x, y, z 方向の力のつり合い式は，それぞれ

$$p_x \cdot \triangle\text{OBC の面積} - p \cdot \triangle\text{ABC の面積} \cdot l = 0 \tag{1.45a}$$

$$p_y \cdot \triangle\text{OCA の面積} - p \cdot \triangle\text{ABC の面積} \cdot m = 0 \tag{1.45b}$$

$$p_z \cdot \triangle\text{OAB の面積} - p \cdot \triangle\text{ABC の面積} \cdot n - \rho g \frac{\overline{\text{OA}} \cdot \overline{\text{OB}} \cdot \overline{\text{OC}}}{6} = 0 \tag{1.45c}$$

となる．ここで，ρ は流体の密度，g は重力加速度であり，(1.45c) 式の左辺第3項は四面体 OABC に働く重力である．したがって，(1.45) 式に (1.44) 式を適用すれば

$$p_x = p, \quad p_y = p, \quad p_z = p + \frac{1}{3}\rho g \cdot \overline{\text{OC}}$$

となるから，$\overline{\text{OC}} \to 0$ とする極限では

$$p_x = p_y = p_z = p \tag{1.46}$$

が成り立つ. つまり, 静止流体中の任意の一点を通る平面に作用する法線応力は, 面の向きによらず一定値となる. このような法線応力をその点の**静水圧**, または単に**圧力**という.

圧力の単位

国際単位系では $1\,\mathrm{Pa}$(パスカル)を使うが, これは $1\,\mathrm{N/m^2}$ を意味する. また, 圧力は実生活とも関わりが深いので, 次のような単位も使用される.

- $1\,\mathrm{atm}$(気圧) $= 1.013 \times 10^5\,\mathrm{Pa} = 760\,\mathrm{mmHg}$:水銀柱 $760\,\mathrm{mm}$ による圧力で, 標準大気圧を表す. なお, $1\,\mathrm{hPa}$(ヘクトパスカル) $= 100\,\mathrm{Pa}$ である.
- $1\,\mathrm{torr}$(トル) $= 133.322\,\mathrm{Pa} = 1\,\mathrm{mmHg}$:水銀柱 $1\,\mathrm{mm}$ による圧力を表し, 血圧の測定単位に使われている.
- $1\,\mathrm{kgf/cm^2} = 0.98 \times 10^5\,\mathrm{Pa}$:工学単位系での 1 気圧を表す.

1.8 位置落差と圧力

流体中における高さの差を**位置落差**というが, これと圧力の関係を考えよう. いま, 流体中に, 図 1.18 に示すような円柱を鉛直方向に想定して, 鉛直下方向に z 軸をとる. 円柱の断面積を S, 流体の密度を ρ とするとき, 位置 z と $z+dz$ における圧力をそれぞれ $p, p+dp$ とすれば, 厚み dz の流体部分に働く力のつり合い式は,

$$pS + \rho S dz g - (p+dp)S = 0$$

と書ける. これより,

$$dp = \rho g dz \tag{1.47}$$

を得る.

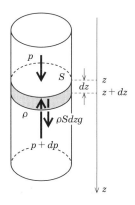

図 1.18 位置落差と圧力

深さと圧力の関係

　液面上($z=0$)での圧力を p_0 とするとき，その深さ z での圧力 p を求めてみよう．液体の密度 ρ を一定とするとき，(1.47)式を積分すれば
$$p = \rho g z + C \quad (C：積分定数)$$
となる．ここで，境界条件：$z=0$ で $p=p_0$ から $C=p_0$ を得るので，このとき上式は
$$p = p_0 + \rho g z \tag{1.48}$$
と定まる．つまり，深さ z では $\rho g z$ だけ圧力が増加するのである．

高度と大気圧の関係

　地球の大気は，気圧の違いで簡単に圧縮膨張するので圧縮性流体として扱わなければならない．このとき，密度は圧力や温度などの関数と考えられるが，ここでは問題を簡単化して圧力のみの関数，つまり，
$$\rho = \rho(p) \tag{1.49}$$
と仮定しよう．このような流体を**バロトロピー流体**と呼ぶ．

　いま，地球の大気を温度一定(絶対温度 T)の理想気体とみなすとき，その気体定数を R，大気 1 mol の質量を M とすると，気体の状態方程式は

$$\rho = \frac{M}{RT}p \tag{1.50}$$

と書ける．地表を $z = 0$ としてそこでの大気圧を $p = p_0$，鉛直上向きに z 軸をとるものとすれば，(1.47)式は(1.50)式を代入して

$$dp = -\frac{M}{RT}pg dz$$

$$\therefore \quad \frac{dp}{p} = -\frac{Mg}{RT}dz \tag{1.51}$$

と表される．ここで，負の符号が付くのは，$dz > 0$ のとき $dp < 0$ であることによる．したがって，(1.51)式の両辺を積分すれば

$$\ln p = -\frac{Mg}{RT}z + C \quad (C：積分定数)^{3)}$$

となるから，これを圧力 p について解いて，

$$p = e^C e^{-\frac{Mg}{RT}z}$$

と表される．ここで，境界条件：$z = 0$ で $p = p_0$ であるから，これより $e^C = p_0$ を得て，上式は

$$p = p_0 e^{-\frac{Mg}{RT}z} \tag{1.52}$$

と定まる．

簡単な計算例を示しておこう．大気の温度を 273 K(0℃)，地表での大気圧を 1 atm とするとき，高度 1 km，10 km(対流圏と成層圏の境界付近)，50 km，100 km における大気圧を求めてみる．大気の 1 mol の質量は $M = 29.0 \times 10^{-3}$ kg，気体定数は $R = 8.31$ J/(mol·K) であるから，これより

$$\frac{Mg}{RT} = \frac{29.0 \times 10^{-3} \times 9.81}{8.31 \times 273} \cong 1.25 \times 10^{-4} \, \text{m}^{-1}$$

を得る．したがって，高度 1 km，10 km，50 km，100 km での大気圧は，(1.52)式からそれぞれ

$$p = 1.00 \cdot e^{-1.25 \times 10^{-4} \times 10^3} = e^{-0.125} \cong 0.882 \, \text{atm}$$

$$p = 1.00 \cdot e^{-1.25 \times 10^{-4} \times 10^4} = e^{-1.25} \cong 0.287 \, \text{atm}$$

$$p = 1.00 \cdot e^{-1.25 \times 10^{-4} \times 5 \times 10^4} = e^{-6.25} \cong 1.93 \times 10^{-3} \, \text{atm}$$

$$p = 1.00 \cdot e^{-1.25 \times 10^{-4} \times 10^5} = e^{-12.5} \cong 3.73 \times 10^{-6} \text{ atm}$$

と得られる．

 実際の値は，図 1.19 に示すようにそれぞれ 0.887 atm，0.262 atm，7.87×10^{-4} atm，3.16×10^{-7} atm であることから，高度 10 km 以上になると実状に合わなくなることがわかる．これは，高度が上がるにつれて大気の 1 mol の質量も減少し，さらに温度も一定ではなく，対流圏では 10 km 付近までは減少するが，その後 20 km あたりまでは一定で，それ以上になると 50 km 付近まで次第に上昇し，その後再び減少に転ずるという変化をするからである．

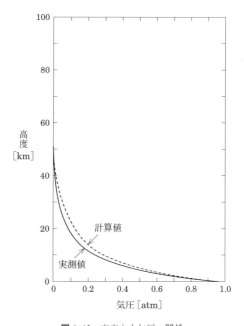

図 1.19 高度と大気圧の関係

---

3) ln は自然対数を表し，$\log_e$ のことである．

演習問題

1. 直径 $2a$,長さ l の針金の上端を右図のように固定し,下端に慣性モーメント I のおもりを吊るして,鉛直軸の周りにわずかな角 ϕ_0 だけねじって放すと,おもりは回転振動を始める.この現象を**ねじれ振動**というが,この運動における角変位 ϕ の時間履歴と,振動の周期 T を求めよ.

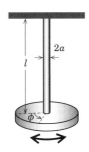

2. 断面が図の形状をもつ部材の断面 2 次モーメントを計算せよ.

   (1) I ビーム

   (2) 中空円筒

3. 長さ l,ヤング率 E の片持ち梁が,単位長さ当たり w の等分布荷重を受けるときのたわみの式を求めよ.また,自由端における最大たわみ

を求めよ．ただし，梁の固定端からの距離 x における曲げモーメント
は，距離 ξ と $\xi+d\xi\,(x<\xi, \xi+d\xi<l)$ の部分に加わる集中荷重 $wd\xi$
の x から l までの積分として求められる．

4. 前問 3. の結果を利用すると，杉の枝に雪が積もりその重みで枝が曲が
   るときのたわみを見積もることができる．いま，直径 6.0 cm の円形断
   面をもつ，長さ 2.2 m の杉の枝に一様に厚さ 15 cm の締まり雪が積も
   った場合，その先端での最大たわみはいくらか．ただし，杉の密度を
   0.38 g/cm^2，ヤング率を 7.85×10^9 N/m^2，締まり雪の密度を 0.25 g/cm^3
   とする．

5. 円形断面をもつ長さ 2.5 m の長柱を鉛直に固定し，上端を自由とする．
   いま，その上端に軸に沿って圧縮荷重 7.0 t（トン）を加えるとき，それ
   を安全に支えるのに必要な円柱の直径を求めなさい．ただし，円柱の
   ヤング率を 2.06×10^{11} N/m^2，安全率を 3.5 とし，安全率＝オイラーの
   座屈荷重/圧縮荷重 とする．

6. 体積 V の任意形状の物体が密度 ρ の流体中にあるとき，その表面が
   受ける圧力の合力，つまり浮力を求めよ．ただし，重力加速度を g と
   する．

第2章

完全流体の流れ

2.1 流体運動の記述法

　実在流体には粘性があるがこれを無視し，さらに流体中で作用する力は圧力のみ，つまりどの面に対しても法線応力のみとする理想的な流体を**完全流体**という．このような流体は水や空気の流れに近く，数学的取り扱いが比較的容易であるので，ここでは完全流体の運動を考察することにする．

　まず流体の運動を記述する方法であるが，それには二つの考え方がある．

　一つは**ラグランジュの方法**と呼ばれるもので，これは流体を流体粒子の集合体と考え，各粒子の動きを時間とともに調べる方法である．いま，時刻 $t = 0$ に座標 (a_1, a_2, a_3) の位置にあった流体粒子が時刻 t において座標 (x_1, x_2, x_3) の位置にあったとすると[1]，個々の流体粒子は異なる位置を占めるので，x_1, x_2, x_3 は a_1, a_2, a_3 および t の関数となる．すなわち，流体粒子の位置は

$$x_1 = f_1(a_1, a_2, a_3, t), \quad x_2 = f_2(a_1, a_2, a_3, t), \quad x_3 = f_3(a_1, a_2, a_3, t)$$

(2.1)

のように表されるから，f_1, f_2, f_3 の関数形がわれば，流体の動きが知られることになる．これは質点系の力学と同様の考え方に由来する．

　これに対して，もう一つの**オイラーの方法**であるが，それは流体中の一点に着目し，そこを通過する流体粒子の速度がどのようになっているかを調べる方法である．着目する固定点の座標を (x_1, x_2, x_3) として，時刻 t にその点を通過する流体粒子の速度を $\boldsymbol{v} = (v_1, v_2, v_3)$ とすると，着目する固定点が異なればそこでの速度もちがってくるので，速度 $\boldsymbol{v}$ は x_1, x_2, x_3 および t の関数になる．つまり，

$$v_1 = F_1(x_1, x_2, x_3, t), \qquad v_2 = F_2(x_1, x_2, x_3, t), \qquad v_3 = F_3(x_1, x_2, x_3, t)$$

$$(2.2)$$

と表すことができるから，流体の動きを知るには，F_1, F_2, F_3 の関数形を知ればよいことになる．すなわち，オイラーの方法は，流体全体の様子を一望の下に見渡すという考え方に根ざしていることから，これは一種の"場"の考えと捉えることができる．このような考え方から，流体の流れを**流れの場**と呼ぶことがある．

オイラーの方法では x_1, x_2, x_3, t が独立変数であるのに対して，ラグランジュの方法では x_1, x_2, x_3 が従属変数になるなどの違いがあり，ラグランジュの方法による流体の運動方程式を解くというときなどには困難を生じることがある．こうした点から，具体的な問題の解析にはもっぱらオイラーの方法が使われる．

さて，流体中の各点における物理的状態を特徴づける物理量（例えば，密度，温度，圧力，速度など）を F で表すとすると，これが流体粒子の移動にともなってどのように変化するかを考えてみよう．オイラーの方法によれば，F は x_1, x_2, x_3 および t の関数になるから，$F(x_1, x_2, x_3, t)$ と表される．いま，時刻 t に速度 $\boldsymbol{v} = (v_1, v_2, v_3)$ で位置座標 (x_1, x_2, x_3) にあった流体粒子が，微小時間 $\varDelta t$ の後に位置座標 $(x_1+v_1\varDelta t, x_2+v_2\varDelta t, x_3+v_3\varDelta t)$ に移動しているとしよう．微小時間 $\varDelta t$ による F の変化を $\varDelta F$ とすると，それはテイラー展開を使って

$$\varDelta F = F(x_1+v_1\varDelta t, x_2+v_2\varDelta t, x_3+v_3\varDelta t, t+\varDelta t) - F(x_1, x_2 x_3, t)$$

$$= \frac{\partial F}{\partial x_1}v_1\varDelta t + \frac{\partial F}{\partial x_2}v_2\varDelta t + \frac{\partial F}{\partial x_3}v_3\varDelta t + \frac{\partial F}{\partial t}\varDelta t + \cdots$$

と表されるから，この両辺を $\varDelta t$ で割り，$\varDelta t \to 0$ とするときの極限を DF/Dt と書けば，

$$\frac{DF}{Dt} = \lim_{\varDelta t \to 0}\frac{\varDelta F}{\varDelta t} = \frac{\partial F}{\partial t} + v_1\frac{\partial F}{\partial x_1} + v_2\frac{\partial F}{\partial x_2} + v_3\frac{\partial F}{\partial x_3} \qquad (2.3a)$$

となる．ここで，D/Dt は流体粒子を追跡しながら時間微分することを意味するので，これを**ラグランジュ微分**と呼ぶ．また，これを演算子の形式

---

1) 本章からは，座標 (x, y, z) などは (x_1, x_2, x_3) と表示し，ベクトルの各成分もこれにならうものとする．

では，
$$\frac{DF}{Dt} = \left(\frac{\partial}{\partial t} + \boldsymbol{v} \cdot \nabla\right) F \tag{2.3b}$$
と書く．

2.2 流線と流跡線

　流れを注意して観察すると，流れの場が時間によらず一定である場合と，時間的にも空間的にも変化する場合とがあることに気づく．前者の流れを**定常流**，後者の流れを**非定常流**と呼ぶ．

　こうした流れの場を幾何学的に捉えるには，**流線**という概念を使うと良い．それは，ある時刻 t において流れの中に一つの曲線を考えるとき，そのすべての点における接線の方向がその点の速度ベクトル $\boldsymbol{v}$ と一致するような曲線と定義される（図 2.1）．定常流の場合，流れの場は流線で完全に表し得て，流線の線要素を $d\boldsymbol{r}$ とすれば $d\boldsymbol{r} /\!/ \boldsymbol{v}$ であるから，流線の方程式は
$$\frac{dx_1}{v_1} = \frac{dx_2}{v_2} = \frac{dx_3}{v_3} \tag{2.4}$$
と表される．

　流線の定義から 2 本以上の流線が一点で交わることはないが，速度が 0 となる点ではその方向が定まらないため，多数の流線が交わることが可能

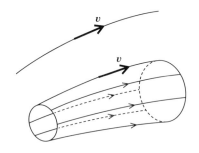

図 2.1　流線（上）と流管（下）

になる．このような点を**淀み点**という．

いま，流れの中に一つの閉曲線を考えよう．その上の各点を通る流線群により形成される立体は一つの管になるが，これを**流管**と呼ぶ(図 2.1)．定常流では，一つの流管の各断面を単位時間に通過する流体の質量は一定となる(**質量保存の法則**)．

一方，非定常流の場合であるが，このときは流れの中に流体粒子を想定し，その運動経路の軌跡として**流跡線**を定義する．流体粒子が流跡線に沿って微小時間 dt で線要素 $d\boldsymbol{r}$ だけ移動したとすると流跡線の方程式は $d\boldsymbol{r} = \boldsymbol{v}dt$ と表されるから，これを成分で表せば

$$\frac{dx_1}{v_1} = \frac{dx_2}{v_2} = \frac{dx_3}{v_3} = dt \tag{2.5}$$

となる．

流線の方程式(2.4)式と流跡線の方程式(2.5)式は似ているが，前者は時間 t を含まないので常に一定であり，後者は時間 t を含むので時々刻々と変化することを表す．このとき，流跡線は刻々の流線に対してその包絡線になっている．この様子を示すのが図 2.2 である．時刻 t_1 に点 P_1 あった流体粒子は流跡線に沿って移動し時刻 t_2 には点 P_2 に達しているが，時刻 t_1 と t_2 における流線は点 P_1 と P_2 にそれぞれ接するような形状となっている．このように，定常流と非定常流では流れの場を幾何学的に表示する方法に違いがある．しかし，定常流では流線と流跡線が一致することは明らかであろう．

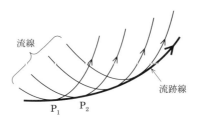

図 2.2 流跡線と流線

2.3 渦線と渦管

流体の速度 $\bm{v} = (v_1, v_2, v_3)$ から

$$\bm{\omega} = \mathrm{rot}\,\bm{v} \tag{2.6a}$$

という演算により導かれるベクトル $\bm{\omega} = (\omega_1, \omega_2, \omega_3)$ を**渦度**という．これを成分で書くと

$$\omega_1 = \frac{\partial v_3}{\partial x_2} - \frac{\partial v_2}{\partial x_3}, \quad \omega_2 = \frac{\partial v_1}{\partial x_3} - \frac{\partial v_3}{\partial x_1}, \quad \omega_3 = \frac{\partial v_2}{\partial x_1} - \frac{\partial v_1}{\partial x_2} \tag{2.6b}$$

となり，後に3.4節で述べるように，流体中の局所的な回転の角速度の2倍を表している．つまり，渦度とは局所的な流れの状態を表す概念であって，日常的に目にする渦とは異なることに注意しよう．

さて，流れの場をみるのに流線や流管を定義したが，同様に流れに伴う渦線や渦管を定義することができる．すなわち，**渦線**とは，その上のすべての点における接線の向きがその点での渦度ベクトルと一致する曲線のことである(図2.3)．したがって，渦線の方程式はその定義から $d\bm{r}\,/\!/\,\bm{\omega}$ であるので，

$$\frac{dx_1}{\omega_1} = \frac{dx_2}{\omega_2} = \frac{dx_3}{\omega_3} \tag{2.7}$$

と表される．

また，流体中に小さな閉曲線をとり，そのすべての点を通る渦線により形成される管を**渦管**という(図2.3)．特に，断面積が無限小の渦管を**渦糸**

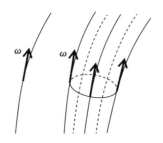

図2.3 渦線(左)と渦管(右)

と呼ぶ.

流れの特性として，$\omega \neq \mathbf{0}$ とするときを**渦あり**，$\omega = \mathbf{0}$ のとき**渦なし**という．以下では，両方の流れについて，その物理的属性を考察してみる．

ヘルムホルツの渦定理

渦ありの流れでは渦管を考えることができるが，これには定常流での流管と同様の一つの保存則が成り立つ．

図 2.4 のように，流体中に閉曲線 C をとり，その線要素を ds，単位接線ベクトルを $\boldsymbol{t}$ とする．流れの速度 $\boldsymbol{v}$ の単位接線ベクトル $\boldsymbol{t}$ の方向の成分を v_s とするとき，

$$\Gamma(C) \equiv \int_C v_s \, ds \tag{2.8}$$

で定義する量 $\Gamma(C)$ を閉曲線 C に沿う**循環**という．

いま，閉曲線 C を縁とする曲面 S を考え，その面積要素を dS，そこに立てた単位法線ベクトルを $\boldsymbol{n}$ とする．ただし，その向きは面積要素の縁を巡

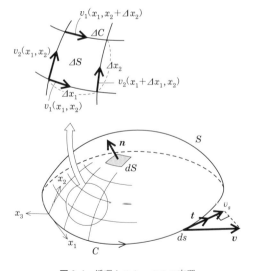

図 2.4 循環とストークスの定理

る向きに右ねじを回すとき，ねじの進む向きに一致するものとする．この
とき，曲面 S を多数の矩形の面分に分割し，その面積を ΔS，さらに各面分
ごとに矩形の辺に沿って x_1 軸，x_2 軸とする局所的な直交座標 (x_1, x_2, x_3)
をとると，x_3 軸は単位法線ベクトル $\boldsymbol{n}$ の向きに一致する．そこで，面分の
一つの周囲 ΔC に沿う速度 $\boldsymbol{v}$ の線積分を考えると

$$
\begin{aligned}
\int_C v_s\,ds &= \int_C \boldsymbol{v}\cdot\boldsymbol{t}\,ds \\
&= \sum_{\Delta C}\{v_1(x_1, x_2)\Delta x_1 + v_2(x_1+\Delta x_1, x_2)\Delta x_2 \\
&\qquad + v_1(x_1, x_2+\Delta x_2)(-\Delta x_1) + v_2(x_1, x_2)(-\Delta x_2)\} \\
&= \sum_{\Delta C}\left\{v_1\Delta x_1 + \left(v_2+\frac{\partial v_2}{\partial x_1}\Delta x_1\right)\Delta x_2 - \left(v_1+\frac{\partial v_1}{\partial x_2}\Delta x_2\right)\Delta x_1 - v_2\Delta x_2\right\} \\
&= \sum_{\Delta S}\left(\frac{\partial v_2}{\partial x_1}-\frac{\partial v_1}{\partial x_2}\right)\Delta x_1\Delta x_2 = \sum_{\Delta S}(\mathrm{rot}\,\boldsymbol{v})_3\Delta S = \sum_{\Delta S}\mathrm{rot}\,\boldsymbol{v}\cdot\boldsymbol{n}\Delta S \\
&= \iint_S \mathrm{rot}\,\boldsymbol{v}\cdot\boldsymbol{n}\,dS \\
\therefore\quad \int_C v_s\,ds &= \int_C \boldsymbol{v}\cdot\boldsymbol{t}\,ds = \iint_S \mathrm{rot}\,\boldsymbol{v}\cdot\boldsymbol{n}\,dS
\end{aligned}
\tag{2.9}
$$

と表されて，線積分は面積分に書き直される．ここに，$(\mathrm{rot}\,\boldsymbol{v})_3$ は，$\mathrm{rot}\,\boldsymbol{v}$
の x_3 成分を表す．この関係を**ストークスの定理**という．

　ストークスの定理(2.9)式を使うと，渦度 $\boldsymbol{\omega}$ の渦ありの流れにおける循
環 $\Gamma(C)$ は

$$
\Gamma(C) = \int_C \boldsymbol{v}\cdot\boldsymbol{t}\,ds = \iint_S \mathrm{rot}\,\boldsymbol{v}\cdot\boldsymbol{n}\,dS = \iint_S \boldsymbol{\omega}\cdot\boldsymbol{n}\,dS = \iint_S \omega_n\,dS
$$

$$
\tag{2.10}
$$

と表される．ここに，ω_n は渦度 $\boldsymbol{\omega}$ の単位法線ベクトル $\boldsymbol{n}$ の方向の成分で
ある．ここから，閉曲線 C に沿う循環は，C を縁とする曲面 S 上における
渦度の法線成分 ω_n の面積分により求められることがわかる．

　さて，流れの場のある瞬間に，一つの渦管があるとしよう．その側面に
とった任意の閉曲線 C に沿う循環 $\Gamma(C)$ を考えると，図2.5にあるように
$\boldsymbol{\omega}\perp\boldsymbol{n}$ であるから $\boldsymbol{\omega}\cdot\boldsymbol{n}=0$ となる．したがって，(2.10)式から循環 $\Gamma(C)$

は
$$\Gamma(C) = \iint_S \boldsymbol{\omega} \cdot \boldsymbol{n}\, dS = 0 \tag{2.11}$$
になる.

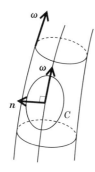
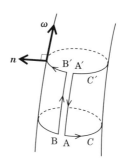

図 2.5　渦管上の循環　　　図 2.6　渦管を巡る循環

そこで，今度は図 2.6 にあるような渦管を一周する二つの閉曲線 C と C' を考えてみる．各閉曲線の上に接近した二点 A, B，および点 A′, B′ をとり，線分 ACB, BB′, B′C′A′, A′A によって作られる閉曲線に沿っての循環 $\Gamma(\text{ACBB}'\text{C}'\text{A}'\text{A})$ を考えると，(2.11)式から

$$\begin{aligned}
0 &= \Gamma(\text{ACBB}'\text{C}'\text{A}'\text{A}) \\
&= I(\text{ACB}) + I(\text{BB}') + I(\text{B}'\text{C}'\text{A}') + I(\text{A}'\text{A}) \\
&= I(\text{ACB}) - I(\text{A}'\text{A}) - I(\text{A}'\text{C}'\text{B}') + I(\text{A}'\text{A}) \\
&= I(\text{ACB}) - I(\text{A}'\text{C}'\text{B}') \\
&= \Gamma(C) - \Gamma(C')
\end{aligned}$$

となるので，これより

$$\Gamma(C) = \Gamma(C') = 一定 \tag{2.12}$$

との結論が得られる．ただし，$I(\text{ACB})$ は，線分 ACB に沿った線積分を表し，他も同様とする．(2.12)式は，『渦管を一周する閉曲線 C に沿う循環 $\Gamma(C)$ は，C のとり方によらず一定不変である』ことを意味していて，

これを**ヘルムホルツの渦定理**という．

渦糸の場合を考えてみると，このとき $\omega_n \approx \omega$（渦度）で，その断面積はきわめて微小で $\iint_S dS \approx \sigma$ となるから，(2.10)式から

$$\Gamma = \omega\sigma = 一定 \tag{2.13}$$

の関係が得られる．すなわち，ω と σ は反比例することがわかる．これは，例えば，竜巻で上空に発生した漏斗状の部分での渦度は小さくても，地上付近に達するときの渦管の断面積は小さくなるため，渦度が急速に大きくなって，局地的に強風が発生するなどの現象から確かめられる．

速度ポテンシャル

次に，渦なしの流れを考察しよう．図 2.7 に示す閉曲線 C に沿う循環 $\Gamma(C)$ を考えるとき，C の上に二点 A, B をとり，道筋として A I B を経て B II A とたどるとする．$\boldsymbol{\omega} = \boldsymbol{0}$ であるから，これを(2.10)式に代入すれば

$$0 = \iint_S \boldsymbol{\omega} \cdot \boldsymbol{n} \, dS = \iint_S \mathrm{rot}\, \boldsymbol{v} \cdot \boldsymbol{n} \, dS = \int_C \boldsymbol{v} \cdot \boldsymbol{t} \, ds$$
$$= \int_{\mathrm{AIB}} \boldsymbol{v} \cdot \boldsymbol{t} \, ds + \int_{\mathrm{BIIA}} \boldsymbol{v} \cdot \boldsymbol{t} \, ds = \int_{\mathrm{AIB}} \boldsymbol{v} \cdot \boldsymbol{t} \, ds - \int_{\mathrm{AIIB}} \boldsymbol{v} \cdot \boldsymbol{t} \, ds$$

となるので，ここから

$$\int_{\mathrm{AIB}} \boldsymbol{v} \cdot \boldsymbol{t} \, ds = \int_{\mathrm{AIIB}} \boldsymbol{v} \cdot \boldsymbol{t} \, ds \tag{2.14}$$

が得られる．すなわち，二点 A, B 間での速度 $\boldsymbol{v}$ の線積分は二点 A, B の位置だけで決まり，経路によらないことがわかる．そこで，この積分を Φ と

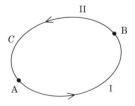

図 2.7 閉曲線 C と循環 Γ

書くことにして，点 A を基準点 O に，点 B を任意の点 P とすれば

$$\Phi(\mathrm{P}) = \int_0^{\mathrm{P}} \boldsymbol{v} \cdot \boldsymbol{t}\, ds \tag{2.15}$$

である．同様にして，点 P からわずかに Δs 離れた点 Q では

$$\Phi(\mathrm{Q}) = \int_0^{\mathrm{Q}} \boldsymbol{v} \cdot \boldsymbol{t}\, ds \tag{2.16}$$

となる．したがって，これらの差 $\Delta\Phi$ は

$$\Delta\Phi = \Phi(\mathrm{Q}) - \Phi(\mathrm{P}) = \int_{\mathrm{P}}^{\mathrm{Q}} \boldsymbol{v} \cdot \boldsymbol{t}\, ds \cong \boldsymbol{v} \cdot \boldsymbol{t}\, \Delta s$$
$$= v_1 \Delta x_1 + v_2 \Delta x_2 + v_3 \Delta x_3 \tag{2.17}$$

と表される．

　一方，Φ は x_1, x_2, x_3 の関数であるから，その全微分は

$$\Delta\Phi = \frac{\partial \Phi}{\partial x_1} \Delta x_1 + \frac{\partial \Phi}{\partial x_2} \Delta x_2 + \frac{\partial \Phi}{\partial x_3} \Delta x_3 \tag{2.18}$$

である．

　したがって，(2.17)式と(2.18)式を比較すれば

$$v_1 = \frac{\partial \Phi}{\partial x_1}, \quad v_2 = \frac{\partial \Phi}{\partial x_2}, \quad v_3 = \frac{\partial \Phi}{\partial x_3} \tag{2.19a}$$

つまり，一つにまとめてベクトルで表示すれば

$$\boldsymbol{v} = \mathrm{grad}\, \Phi \tag{2.19b}$$

と書けることになる．すなわち，渦なしの流れにおける速度 $\boldsymbol{v}$ は一つのスカラー関数 Φ から求められるのである．これを**速度ポテンシャル**と呼び，その流れを**ポテンシャル流**という．

2.4 連続の方程式

　いま，流体中に空間的に固定した表面積 S の任意の閉曲面を考え，この内部の体積を V とする(図 2.8)．閉曲面の微小面積要素 dS における外向き単位法線ベクトルを $\boldsymbol{n} = (n_1, n_2, n_3)$，そこでの流体の速度を $\boldsymbol{v} = (v_1, v_2, v_3)$，密度を ρ とすると，単位時間に微小面積要素 dS を通して閉曲面の内部へ流入する流体の質量は $-\rho \boldsymbol{v} \cdot \boldsymbol{n}\, dS$ と表される．これを閉曲面の全体に

041

わたって積分すれば，それは閉曲面の内部に含まれる全質量の単位時間あたりの増加に等しいので，

$$\frac{d}{dt}\iiint_V \rho \, dV = -\iint_S \rho \boldsymbol{v} \cdot \boldsymbol{n} \, dS \tag{2.20}$$

と書くことができる．この左辺が単位時間あたりの質量増加を，右辺が全表面を通して単位時間に流入する質量を表している．つまり，質量保存の法則を表しているということである．このことは，流体の粘性の有無にかかわらず成立することに注意しよう．

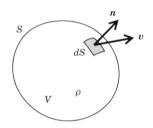

図 2.8 質量の保存

(2.20)式の右辺は，**ガウスの定理**を使うと体積積分に書き換えることができる．すなわち，図 2.9 から

$$\iint_S \rho \boldsymbol{v} \cdot \boldsymbol{n} \, dS = \iint_S \rho (v_1 n_1 + v_2 n_2 + v_3 n_3) \, dS$$

$$= \iint_S (\rho v_1 \, dx_2 dx_3 + \rho v_2 \, dx_3 dx_1 + \rho v_3 \, dx_1 dx_2)$$

$$= \iiint_V \left\{ \frac{\partial (\rho v_1)}{\partial x_1} + \frac{\partial (\rho v_2)}{\partial x_2} + \frac{\partial (\rho v_3)}{\partial x_3} \right\} dx_1 dx_2 dx_3$$

$$\therefore \iint_S \rho \boldsymbol{v} \cdot \boldsymbol{n} \, dS = \iiint_V \mathrm{div}(\rho \boldsymbol{v}) \, dV \tag{2.21}$$

となる．

したがって，(2.21)式を使えば(2.20)式は

$$\iiint_V \left\{ \frac{\partial \rho}{\partial t} + \mathrm{div}(\rho \boldsymbol{v}) \right\} dV = 0 \tag{2.22}$$

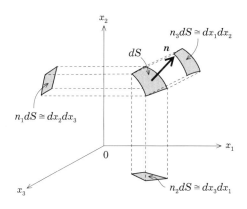

図 2.9 ガウスの定理

と書き換えることができる.ここで,閉曲面は任意にとったのであるから,(2.22)式が成立するためにはその被積分関数が 0 でなければならない.すなわち,

$$\frac{\partial \rho}{\partial t} + \mathrm{div}(\rho \boldsymbol{v}) = 0 \tag{2.23a}$$

ということになる.これを**連続の方程式**と呼ぶ.

この式はまた,以下のように変形することができる.すなわち,

$$\mathrm{div}(\rho \boldsymbol{v}) = \frac{\partial}{\partial x_i}(\rho v_i) = \rho \frac{\partial v_i}{\partial x_i} + v_i \frac{\partial \rho}{\partial x_i} {}^{[2]}$$
$$= \rho \, \mathrm{div} \, \boldsymbol{v} + \boldsymbol{v} \cdot \nabla \rho$$

であるから,(2.23a)式は

$$\frac{\partial \rho}{\partial t} + \boldsymbol{v} \cdot \nabla \rho + \rho \, \mathrm{div} \, \boldsymbol{v} = 0$$

となる.これに(2.3b)式を考慮すれば,上式は

$$\frac{D\rho}{Dt} + \rho \, \mathrm{div} \, \boldsymbol{v} = 0 \tag{2.23b}$$

と書けることになる.

特に,流体がその動きにともなって縮まなければ,つまり非圧縮性であ

---

[2] ここでは,同じ添え字が続くとき,その 1 から 3 までの和をとる**総和規約**を用いた.以下,同様とする.

れば，密度 ρ は一定であるので，$\partial \rho/\partial t = D\rho/Dt = 0$ となる．このとき，(2.23)式は

$$\mathrm{div}\, \boldsymbol{v} = 0 \tag{2.24}$$

となって，問題の取り扱いが著しく簡単化されることになる．

2.5 運動方程式

まず，流体に働く力を考えよう．流体中に，図2.10に示すような表面積 S の閉曲面で囲まれた任意の閉領域をとって考えると，それにはその内部の質量に働く力と，その表面に周囲から作用する力の二種類があることがわかる．

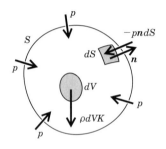

図 2.10 流体に働く力

いま，閉曲面内部の体積を V，密度を ρ としよう．その内部にとった微小体積要素を dV とすれば，単位質量に働く力を $\boldsymbol{K}$ として体積要素に働く力は $\rho dV \boldsymbol{K}$ であるから，閉曲面内部の質量全体について働く力は

$$\iiint_V \rho dV \boldsymbol{K} \tag{2.25}$$

と表される．

一方，閉曲面上にとった微小面積要素を dS とし，その面に立てた単位法線ベクトルを閉曲面の内部から外部へ向かう向きに $\boldsymbol{n}$ とする．このとき，その面に働く圧力を p とすれば，圧力 p は面積要素に垂直に働き，そ

の向きは閉曲面の内部方向であるから微小面積要素に働く力は $-p\boldsymbol{n}\,dS$ となる．したがって，表面積全体では

$$-\iint_S p\boldsymbol{n}\,dS$$

と書ける．そこで，x_1軸，x_2軸，x_3軸方向の単位ベクトルをそれぞれ $\boldsymbol{e}_1, \boldsymbol{e}_2, \boldsymbol{e}_3$ として，これにガウスの定理(2.21)式を適用すれば

$$\begin{aligned}
-\iint_S p\boldsymbol{n}\,dS &= -\iint_S p\,(n_1\boldsymbol{e}_1 + n_2\boldsymbol{e}_2 + n_3\boldsymbol{e}_3)\,dS \\
&= -\iint_S (p\,dx_2\,dx_3\,\boldsymbol{e}_1 + p\,dx_3\,dx_1\,\boldsymbol{e}_2 + p\,dx_1\,dx_2\,\boldsymbol{e}_3) \\
&= -\iiint_V \left(\frac{\partial p}{\partial x_1}\boldsymbol{e}_1 + \frac{\partial p}{\partial x_2}\boldsymbol{e}_2 + \frac{\partial p}{\partial x_3}\boldsymbol{e}_3 \right) dx_1\,dx_2\,dx_3 \\
&= -\iiint_V \nabla p\,dV
\end{aligned} \tag{2.26}$$

と変形される．

いま，流体中に速度 $\boldsymbol{v}$ の流れとともに移動する図2.10のような表面積 S，体積 V の閉曲面を考えて，そこに運動の法則を適用してみよう．すると，その運動方程式は(2.25)式と(2.26)式を使って

$$\iiint_V \rho\,dV\frac{D\boldsymbol{v}}{Dt} = \iiint_V \rho\,dV\boldsymbol{K} - \iiint_V \nabla p\,dV \tag{2.27}$$

と表される．この式で，左辺の加速度は，流れとともに移動する閉曲面を観察するから，ラグランジュ微分を使用することになる．そして，いま考えている閉曲面は任意であることを考慮すれば，流体の運動方程式は

$$\rho\frac{D\boldsymbol{v}}{Dt} = \rho\boldsymbol{K} - \nabla p \tag{2.28a}$$

と書くことができる．これはまた，(2.3)式を用いれば

$$\frac{\partial \boldsymbol{v}}{\partial t} + (\boldsymbol{v}\cdot\nabla)\boldsymbol{v} = \boldsymbol{K} - \frac{1}{\rho}\nabla p \tag{2.28b}$$

とも表される．(2.28)式は完全流体の運動を解析するときの基礎方程式であり，**オイラーの方程式**と呼ばれる．

2.6 ベルヌーイの定理とその応用

オイラーの方程式(2.28)式を解くに当たって，バロトロピー流体(1.52)式を仮定し，外力 K はポテンシャル Ω から

$$K = -\nabla\Omega \tag{2.29}$$

の関係より求まるとしよう.

また，ベクトル解析から

$$\{\boldsymbol{v}\times\operatorname{rot}\boldsymbol{v}\}_1 = \{\boldsymbol{v}\times(\nabla\times\boldsymbol{v})\}_1 = v_2(\nabla\times\boldsymbol{v})_3 - v_3(\nabla\times\boldsymbol{v})_2$$

$$= v_2\left(\frac{\partial}{\partial x_1}v_2 - \frac{\partial}{\partial x_2}v_1\right) - v_3\left(\frac{\partial}{\partial x_3}v_1 - \frac{\partial}{\partial x_1}v_3\right)$$

$$= v_2\frac{\partial v_2}{\partial x_1} - v_2\frac{\partial v_1}{\partial x_2} - v_3\frac{\partial v_1}{\partial x_3} + v_3\frac{\partial v_3}{\partial x_1}$$

$$= \left(v_2\frac{\partial v_2}{\partial x_1} + v_3\frac{\partial v_3}{\partial x_1}\right) - \left(v_2\frac{\partial}{\partial x_2} + v_3\frac{\partial}{\partial x_3}\right)v_1 + v_1\frac{\partial v_1}{\partial x_1} - v_1\frac{\partial v_1}{\partial x_1}$$

$$= \frac{\partial}{\partial x_1}\left(\frac{v_1^2}{2}\right) + \frac{\partial}{\partial x_1}\left(\frac{v_2^2}{2}\right) + \frac{\partial}{\partial x_1}\left(\frac{v_3^2}{2}\right)$$

$$\qquad - \left(v_1\frac{\partial}{\partial x_1} + v_2\frac{\partial}{\partial x_2} + v_3\frac{\partial}{\partial x_3}\right)v_1$$

$$= \frac{\partial}{\partial x_1}\left(\frac{v_1^2+v_2^2+v_3^2}{2}\right) - \left(v_1\frac{\partial}{\partial x_1} + v_2\frac{\partial}{\partial x_2} + v_3\frac{\partial}{\partial x_3}\right)v_1$$

$$= \frac{\partial}{\partial x_1}\left(\frac{\boldsymbol{v}^2}{2}\right) - (\boldsymbol{v}\cdot\nabla)v_1$$

$$\therefore \quad \boldsymbol{v}\times\operatorname{rot}\boldsymbol{v} = \nabla\left(\frac{\boldsymbol{v}^2}{2}\right) - \boldsymbol{v}\cdot\nabla\boldsymbol{v} \tag{2.30}$$

のような公式が得られている.

このとき，(2.28b)式の左辺第2項を(2.30)式を使って書き換えて整理すれば，

$$\frac{\partial\boldsymbol{v}}{\partial t} + \nabla\left(\frac{\boldsymbol{v}^2}{2}\right) + \frac{1}{\rho}\nabla p + \nabla\Omega = \boldsymbol{v}\times\operatorname{rot}\boldsymbol{v}$$

$$\therefore \quad \frac{\partial\boldsymbol{v}}{\partial t} + \nabla\left(\frac{1}{2}\boldsymbol{v}^2 + P + \Omega\right) = \boldsymbol{v}\times\boldsymbol{\omega} \tag{2.31}$$

となる．ここに，P は**圧力関数**と呼ばれるもので，

$$P \equiv \int \frac{dp}{\rho} \tag{2.32}$$

のように定義される．また，rot $\boldsymbol{v}$ には(2.6)式を用いた．こうして整理された(2.31)式において，新たに**ベルヌーイ関数**

$$H \equiv \frac{1}{2}\boldsymbol{v}^2 + P + \Omega \tag{2.33}$$

を定義すれば，(2.31)式は

$$\frac{\partial \boldsymbol{v}}{\partial t} + \nabla H = \boldsymbol{v} \times \boldsymbol{\omega} \tag{2.34}$$

と表される

渦なしの流れ

この場合には $\boldsymbol{\omega} = \boldsymbol{0}$ で(2.19)式が成り立つから，これら二式を(2.34)式へ代入すれば

$$\frac{\partial}{\partial t}\nabla\Phi + \nabla H = \boldsymbol{0}$$

$$\therefore \quad \nabla\left(\frac{\partial\Phi}{\partial t} + H\right) = \boldsymbol{0}$$

と整理されて，空間座標 (x_1, x_2, x_3) には依存しないことが示される．しかし，時間 t に依存することは許されるから，このことと(2.33)式を考慮して上式を積分すれば

$$\frac{\partial\Phi}{\partial t} + \frac{1}{2}\boldsymbol{v}^2 + P + \Omega = f(t) \tag{2.35}$$

が得られる．ここで，$f(t)$ は時間 t のみの関数である．(2.35)式は，流れの場の圧力を決定する方程式であることから，**圧力方程式**と呼ばれる．

定常な流れ

今度は $\boldsymbol{\omega} \neq \boldsymbol{0}$ で，定常流である場合を考えよう．このときは $\partial\boldsymbol{v}/\partial t = \boldsymbol{0}$ であるから，(2.34)式は

$$\nabla H = \boldsymbol{v} \times \boldsymbol{\omega} \tag{2.36}$$

となり，ベクトル ∇H は速度ベクトル $\boldsymbol{v}$ と渦度ベクトル $\boldsymbol{\omega}$ の両方に垂直であることがわかる．そこで，図 2.11 のように互いに交わる流線と渦線により張られる曲面を考え，この曲面に沿う方向の微小変位を $d\boldsymbol{s}$ とすると，$\nabla H \perp d\boldsymbol{s}$ であるのでその方向のベルヌーイ関数 H の変化は $dH = \nabla H \cdot d\boldsymbol{s} = 0$ となる．したがって，この積分から $H = $ 一定 が得られる．つまり，流線と渦線によって張られる曲面に沿って $H = $ 一定 ということである．このような曲面を**ベルヌーイ面**といい，(2.33)式から一つのベルヌーイ面，つまり一つの流線および渦線に沿って

$$\frac{1}{2}\boldsymbol{v}^2 + P + \Omega = \text{一定} \tag{2.37}$$

が成り立つ．これを**ベルヌーイの定理**と呼ぶ．そして，これは流体の単位質量あたりの運動エネルギー $\boldsymbol{v}^2/2$，圧力関数 P，および外力のポテンシャル Ω の総和がベルヌーイ面上で一定不変であるということを意味し，**エネルギー保存の法則**を表している．以下では，ベルヌーイの定理の応用問題を考えてみよう．

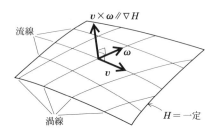

図 2.11 ベルヌーイ面

トリチェリーの定理

図 2.12 に示すような容器に液体を満たし，その底部付近の側壁に開けた小さな穴から液体が流出するときの速度を求めてみよう．いま，液体は非圧縮性とする．重力加速度を g，液体の密度を ρ，液面と流出口の面積を

それぞれ S_0, S, 同じく速度をそれぞれ v_0, v とすると, 一つの流管について連続の方程式は, つまり質量保存の法則は,

$$S_0 v_0 = Sv (= 一定) \tag{2.38}$$

と表される. また, 液面と流出口の圧力はほぼ等しいと見なせるからそれを p_0, 液面と流出口の高さの差を h とすれば $\Omega = gh$ であるので, 一つの流線に沿ってベルヌーイの定理を適用すれば,

$$\frac{1}{2}v_0^2 + \frac{p_0}{\rho} + gh = \frac{1}{2}v^2 + \frac{p_0}{\rho} \tag{2.39}$$

となる. したがって, 流出速度 v は, (2.38)式と(2.39)式から v_0 を消去して

$$\frac{1}{2}v^2 \left(\frac{S}{S_0}\right)^2 + gh = \frac{1}{2}v^2$$

$$\therefore \quad v = \sqrt{\frac{2gh}{1-\left(\frac{S}{S_0}\right)^2}} \tag{2.40}$$

と求まる. このとき, $S_0 \gg S$ であれば $(S/S_0)^2 \ll 1$ とみなせて無視できるから, (2.40)式は

$$v \cong \sqrt{2gh} \tag{2.41}$$

のように簡単な式になる. つまり,『液面から深さ h にある小穴から流出

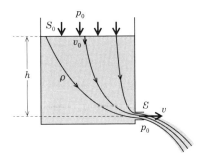

図 2.12　トリチェリーの定理

する液体の速度 v は，質点を高さ h から自由落下するときの質点の速度 $\sqrt{2gh}$ に等しい』，ということである．これを**トリチェリーの定理**という．

ピトー管

流れの速度を簡便に測る装置を**ピトー管**という．図 2.13 にその構造を示すが，流れ場の速度を求めるには，その圧力を知る必要があるので，ピトー管の先端と側面に小さな穴があけてある．この二か所での圧力をそれぞれ p_0, p，側面の小穴を過ぎる流れの速度を v としよう．ピトー管の先端に達する流線に沿って考えると，流速はピトー管の先端で 0 となり，流線はそこから分岐して管壁に沿って推移する．流速が 0 となる点を**淀み点**と呼び，そこでの圧力 p_0 を**淀み圧**という．いま，この流線に沿ってベルヌーイの定理を適用すれば，

$$\frac{1}{2}\rho v^2 + p = p_0 (= 一定) \tag{2.42}$$

と書ける．ここで，ρ は流体の密度である．また，$\rho v^2/2$ を**動圧**，p を**静圧**と呼ぶことから，淀み圧 p_0 は**総圧**とも呼ばれる．

さて，(2.42)式を流速 v について解くと

$$v = \sqrt{\frac{2(p_0 - p)}{\rho}} \tag{2.43}$$

となって，圧力差 $(p_0 - p)$ がわかれば流速 v を知ることができる．そこで，

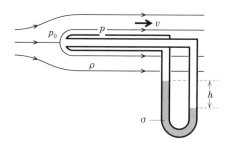

図 2.13 ピトー管

図 2.13 にあるように，この圧力差を引き込んだ U 字管に密度 σ の液体を満たし，その液面の高さの差を h とすれば，（1.48）式より

$$p_0 - p = \sigma g h$$

であるから，これを(2.43)式へ代入すれば

$$v = \sqrt{\frac{2\sigma g h}{\rho}} \tag{2.44}$$

となる．ここで，ρ, σ, g は既知であるから，液面の高さの差 h を知ることにより流速 v がわかることになる．

2.7 流線曲率の定理

　定常な空気の流れの中に，湾曲した飛行機の翼を入れたときを考えてみよう．翼の上面と下面を過ぎる流れは，翼面の湾曲により曲がった流れとなるが，このとき流線の曲る側が低圧に，反対側が高圧になって圧力差が発生し，これが原因となって揚力が生じると考えられている．ここでは，この問題を考察しよう．

　このときの流れは定常流 $(\partial/\partial t = 0)$ であり，さらに外力の作用がない $(\boldsymbol{K} = 0)$ とすれば，流体の運動方程式は(2.28b)式から

$$(\boldsymbol{v} \cdot \nabla)\boldsymbol{v} = -\frac{1}{\rho}\nabla p \tag{2.45}$$

となる．

　この問題を考察するには，図 2.14 に示すような流線に沿う方向の座標 s と，それに垂直な曲率中心方向の座標 n を使った運動座標を利用するのが便利である．そこで，ベクトル解析により(2.45)式の左辺を考えてみると

$$\boldsymbol{v} \cdot \nabla = v_1\frac{\partial}{\partial x_1} + v_2\frac{\partial}{\partial x_2} + v_3\frac{\partial}{\partial x_3} = v\frac{\partial x_1}{\partial s}\frac{\partial}{\partial x_1} + v\frac{\partial x_2}{\partial s}\frac{\partial}{\partial x_2} + v\frac{\partial x_3}{\partial s}\frac{\partial}{\partial x_3}$$

$$= v\left(\frac{\partial x_1}{\partial s}\frac{\partial}{\partial x_1} + \frac{\partial x_2}{\partial s}\frac{\partial}{\partial x_2} + \frac{\partial x_3}{\partial s}\frac{\partial}{\partial x_3}\right) = v\frac{\partial}{\partial s} \tag{2.46}$$

となるから，流線に接する向きの単位ベクトル(つまり，速度方向の単位ベクトル)を $\boldsymbol{t}$ とすれば $\boldsymbol{v} = v\boldsymbol{t}$ であるので，

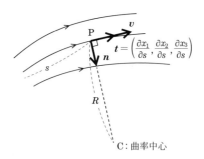

図 2.14 流線に沿う運動座標

$$(\boldsymbol{v}\cdot\nabla)\boldsymbol{v} = v\frac{\partial}{\partial s}(v\boldsymbol{t}) = v\frac{\partial v}{\partial s}\boldsymbol{t} + v^2\frac{\partial \boldsymbol{t}}{\partial s} = \frac{\partial}{\partial s}\left(\frac{1}{2}v^2\right)\boldsymbol{t} + \frac{v^2}{R}\boldsymbol{n} \quad (2.47)$$

と表される．ここで，R は流線の曲率半径，$\boldsymbol{n}$ は曲率中心方向の単位ベクトルで，(2.47)式の最後の等号の式の第2項は次のようにして得られる．

図 2.15 のように，一本の流線上に接近した二点 P, Q をとり，それぞれにおける単位接線ベクトルを $\boldsymbol{t}, \boldsymbol{t}+\Delta\boldsymbol{t}$，PQ 間の微小距離を Δs，弧 PQ に対する曲率中心 C における中心角を $\Delta\theta$ とすると，

$$\left|\frac{\partial \boldsymbol{t}}{\partial s}\right| = \lim_{\Delta s \to 0}\left|\frac{\Delta \boldsymbol{t}}{\Delta s}\right| = \lim_{\Delta s \to 0}\left|\frac{|\boldsymbol{t}|\Delta\theta}{\Delta s}\right| = \left|\frac{d\theta}{ds}\right| = \frac{1}{R}$$

であり，また，図 2.15 中のベクトル三角形に関して，ベクトル $\boldsymbol{t}$ と $\Delta\boldsymbol{t}$ のなす角を α とすれば

$$\alpha = \lim_{\Delta\theta \to 0}\frac{180°-\Delta\theta}{2} = 90°, \quad \text{つまり} \quad \Delta\theta \to 0 \quad \text{のとき} \quad \boldsymbol{t} \perp \Delta\boldsymbol{t}$$

となるので，ベクトル $\partial \boldsymbol{t}/\partial s$ の向きは曲率中心方向，つまり法線方向であることになる．したがって，以上のことを踏まえると

$$\frac{\partial \boldsymbol{t}}{\partial s} = \frac{1}{R}\boldsymbol{n} \quad (2.48)$$

となる．

さて，もとに戻って，(2.47)式を(2.45)式の左辺に代入し，右辺も流線へ

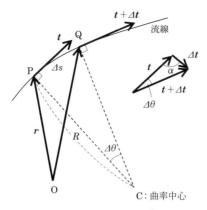

図 2.15 曲率ベクトル $\dfrac{\partial \boldsymbol{t}}{\partial s}$

の接線方向と法線方向に分けて表示すれば

$$\frac{\partial}{\partial s}\left(\frac{1}{2}v^2\right)\boldsymbol{t} + \frac{v^2}{R}\boldsymbol{n} = -\frac{1}{\rho}\left(\frac{\partial p}{\partial s}\boldsymbol{t} + \frac{\partial p}{\partial n}\boldsymbol{n}\right) \tag{2.49}$$

となる.すなわち,

接線方向: $\quad \dfrac{\partial}{\partial s}\left(\dfrac{1}{2}v^2\right) = -\dfrac{1}{\rho}\dfrac{\partial p}{\partial s}$ (2.50a)

法線方向: $\quad \rho\dfrac{v^2}{R} = -\dfrac{\partial p}{\partial n}$ (2.50b)

と表される.ここで,(2.50a)式は s で積分するとベルヌーイの定理を与えることは明らかであろう.一方,(2.50b)式は,法線方向における円運動の力のつり合い式を表し,その方向の圧力勾配の減少(右辺)が単位質量あたりの遠心力(左辺)とつりあっていることを示している.つまり,流線は圧力勾配の減少する向きに曲がり,曲率中心側が低圧に,これと反対側が高圧になる.言い換えれば,『流線が曲がるとき,曲率中心とは逆向きに圧力勾配は増加し,それは流体の密度 ρ と速度 v の2乗に比例し,曲率半径 R に反比例する』,といえる.これを**流線曲率の定理**という.

2.8 ポテンシャル流の一般的特性

　流れの場が渦なしであるとき，その流れをポテンシャル流と呼ぶことは2.3節で述べたが，ここではその一般的特性について考察しておく.

　まず，この流れの著しい特徴は，流れの速度 $\boldsymbol{v}$ が速度ポテンシャル $\varPhi$ から求められるということで，その関係は(2.19)式で与えられる. いま，流れは非圧縮性であるとすると，連続の方程式は(2.24)式 $\mathrm{div}\,\boldsymbol{v}=0$ で与えられるから，これに(2.19)式 $\boldsymbol{v}=\mathrm{grad}\,\varPhi$ を代入すると

　　$0=\mathrm{div}\,\mathrm{grad}\,\varPhi=\nabla\cdot\nabla\varPhi=\nabla^2\varPhi$

　　$\therefore\quad \nabla^2\varPhi=\dfrac{\partial^2\varPhi}{\partial x_1^2}+\dfrac{\partial^2\varPhi}{\partial x_2^2}+\dfrac{\partial^2\varPhi}{\partial x_3^2}=0$ 　　　　　　(2.51)

が得られる. ここに，∇^2 はラプラシアンである. この式は物理学や工学の多くの場面で登場する**ラプラスの方程式**と呼ばれるもので，その解 $\varPhi$ は**調和関数**になる. つまり，速度ポテンシャル $\varPhi$ はラプラス方程式の解として得られるということで，具体的に決定するには，流れの境界条件を指定すればよい. このようにして $\varPhi$ が求まれば，(2.19)式から流れの場の速度 $\boldsymbol{v}$ が定まることになる. その結果，流れの場の圧力 p は定常流ではベルヌーイの定理(2.37)式から，また，非定常流では圧力方程式(2.35)式から決まることになる.

　また，(2.51)式は線形偏微分方程式であるから解の重ね合わせの原理が成り立ち，(2.51)式の異なる解を $\varPhi_1,\varPhi_2$ とすれば，それらにそれぞれ任意定数 c_1,c_2 を掛けて加えた1次結合 $c_1\varPhi_1+c_2\varPhi_2$ も解となり得るのである.

　流体力学では，いろいろな調和関数がどのような流れに対応しているかを調べ，目的に適う関数を組み合わせることにより流れの場の解析を行うという手法がとられる.

2 次元流

　流体の運動が一つの定まった平面に平行に起こり，これに垂直な方向には変化しない流れを**2次元流**，または**平面流**という. いま，流れのある面

を $x_1 x_2$ 面とすると，x_3 軸方向には流れはない．このとき，連続の方程式は，(2.24)式に $\boldsymbol{v} = (v_1, v_2, 0)$ を代入して

$$\frac{\partial v_1}{\partial x_1} + \frac{\partial v_2}{\partial x_2} = 0 \tag{2.52}$$

と表される．これは，このときの流線の方程式

$$\frac{dx_1}{v_1} = \frac{dx_2}{v_2}$$

$$\therefore \quad -v_2 dx_1 + v_1 dx_2 = 0$$

の左辺がある関数 Ψ の全微分であることの必要十分条件を与えるから，

$$d\Psi = -v_2 dx_1 + v_1 dx_2$$

とおくとき関数 Ψ の全微分形式

$$d\Psi = \frac{\partial \Psi}{\partial x_1} dx_1 + \frac{\partial \Psi}{\partial x_2} dx_2$$

と比較すれば，

$$v_1 = \frac{\partial \Psi}{\partial x_2}, \qquad v_2 = -\frac{\partial \Psi}{\partial x_1} \tag{2.53}$$

の関係が得られる．

　そこで，関数 Ψ が物理的にどのような意味をもつかを考えてみよう．そのために，流れの中に任意の二点 P, Q をとり，その二点を結ぶ任意の曲線 C を横切って通過する単位時間当たりの流体の量，すなわち流量 q を考えてみる．曲線 C 上の任意の点における曲線に沿う向きの微小線素を $d\boldsymbol{s}$ $= (dx_1, dx_2, 0)$，その点における流れの速度を $\boldsymbol{v} = (v_1, v_2, 0)$，さらに速度 $\boldsymbol{v}$ の $d\boldsymbol{s}$ に垂直な成分を v_n とすると（図 2.16），流量 q は

$$q = \int_{\mathrm{P}}^{\mathrm{Q}} v_n ds = \int_{\mathrm{P}}^{\mathrm{Q}} (v_1 \sin\theta - v_2 \cos\theta) \, ds = \int_{\mathrm{P}}^{\mathrm{Q}} (v_1 ds \sin\theta - v_2 ds \cos\theta)$$

$$= \int_{\mathrm{P}}^{\mathrm{Q}} (-v_2 dx_1 + v_1 dx_2) \bigg| = \int_{\mathrm{P}}^{\mathrm{Q}} \left(\frac{\partial \Psi}{\partial x_1} dx_1 + \frac{\partial \Psi}{\partial x_2} dx_2 \right) = \int_{\mathrm{P}}^{\mathrm{Q}} d\Psi$$

$$= \Psi(\mathrm{Q}) - \Psi(\mathrm{P}) \tag{2.54}$$

と表されて，曲線 C のとり方にはよらず，二点 P, Q の位置のみにより決まることがわかる．

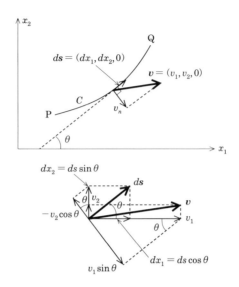

図 2.16 2 次元流の流量と流線

いま，二点 P, Q の間隔を微小としてそれを $\delta s, \Psi(Q)-\Psi(P) = \delta\Psi$ とすれば，v_n はほぼ一定とみなせるので(2.54)式から

$$\delta\Psi = v_n \int_P^Q ds = v_n \delta s$$

$$\therefore \quad \delta\Psi = v_n \delta s, \quad \text{または} \quad v_n = \frac{\partial \Psi}{\partial s} \tag{2.55}$$

となる．

もし，曲線 C を一本の流線であるとすると，その定義から $v_n = 0$ であるので，(2.55)式は $d\Psi = 0$ となって，この積分から

$$\Psi = \text{一定} \tag{2.56}$$

が得られる．すなわち，関数 Ψ は流線に沿って一定であり，逆に，$\Psi = $ 一定の曲線は流線を表すと言える．このことから，Ψ は**流れの関数**と呼ばれる．

さて，(2.53)式は流れの速度 $\boldsymbol{v}$ の流れの関数 Ψ による表示と見ること

ができるが，これを使って 2 次元流における渦度 $\boldsymbol{\omega} = (\omega_1, \omega_2, \omega_3)$ を求めてみよう．(2.6b)式に $\boldsymbol{v} = (v_1, v_2, 0)$ を代入するのであるが，v_1, v_2 は x_3 に依存しないことを考慮すると

$$\omega_1 = 0, \qquad \omega_2 = 0, \qquad \omega_3 = \frac{\partial v_2}{\partial x_1} - \frac{\partial v_1}{\partial x_2} \tag{2.57}$$

と得られる．この第 3 式に(2.53)式を代入すれば

$$\omega_3 = -\left(\frac{\partial^2 \Psi}{\partial x_1^2} + \frac{\partial^2 \Psi}{\partial x_2^2} \right) = -\nabla^2 \Psi \tag{2.58}$$

となるが，ここではポテンシャル流，つまり渦なし（$\omega_3 = 0$）の流れを考えているので，この条件を代入すると(2.58)式は

$$\nabla^2 \Psi = \frac{\partial^2 \Psi}{\partial x_1^2} + \frac{\partial^2 \Psi}{\partial x_2^2} = 0 \tag{2.59}$$

となって，2 次元のラプラスの方程式に帰着する．ここから，流れの関数 Ψ は調和関数であることがわかる．

いま，(2.19)式と(2.53)式に着目すると，調和関数 Φ と Ψ の間には

$$v_1 = \frac{\partial \Phi}{\partial x_1} = \frac{\partial \Psi}{\partial x_2}, \qquad v_2 = \frac{\partial \Phi}{\partial x_2} = -\frac{\partial \Psi}{\partial x_1} \tag{2.60}$$

のような関係が得られるが，これは複素関数論で知られた**コーシー–リーマンの関係式**に他ならない．

そこで，虚数単位 i を使って複素数

$$z = x_1 + i x_2 \tag{2.61}$$

を導入し，二つの調和関数 Φ, Ψ をそれぞれ実部と虚部とする複素関数

$$f(z) \equiv \Phi(x_1, x_2) + i \Psi(x_1, x_2) \tag{2.62}$$

を定義すると，(2.60)式は関数 $f(z)$ が複素数 z の解析関数であることを保障するから，$f(z)$ は z で微分可能ということになる．そうであれば，平均値の定理と(2.60)式を考慮すれば

$$\begin{aligned}
df &= f(z + dz) - f(z) \\
&= \Phi(x_1 + dx_1, x_2 + dx_2) - \Phi(x_1, x_2) \\
&\quad + i\{ \Psi(x_1 + dx_1, x_2 + dx_2) - \Psi(x_1, x_2) \}
\end{aligned}$$

$$
\begin{aligned}
&= \frac{\partial \Phi}{\partial x_1}dx_1 + \frac{\partial \Phi}{\partial x_2}dx_2 + i\left(\frac{\partial \Psi}{\partial x_1}dx_1 + \frac{\partial \Psi}{\partial x_2}dx_2\right)\\
&= \frac{\partial \Phi}{\partial x_1}dx_1 + \frac{\partial \Phi}{\partial x_1}idx_2 + i\frac{\partial \Psi}{\partial x_1}dx_1 - \frac{\partial \Psi}{\partial x_1}dx_2\\
&= \left(\frac{\partial \Phi}{\partial x_1} + i\frac{\partial \Psi}{\partial x_1}\right)(dx_1 + idx_2) = \left(\frac{\partial \Phi}{\partial x_1} + i\frac{\partial \Psi}{\partial x_1}\right)dz
\end{aligned}
$$

となるから，$f(z)$ の導関数は

$$
\frac{df}{dz} = \frac{\partial \Phi}{\partial x_1} + i\frac{\partial \Psi}{\partial x_1} = v_1 - iv_2 = ve^{-i\phi} \tag{2.63}
$$

と求められる．ただし，$v = |\boldsymbol{v}|$ で，ϕ はその偏角を表し

$$
v_1 = v\cos\phi, \qquad v_2 = v\sin\phi \tag{2.64}
$$

である．このように，$f(z)$ の導関数は流れの速度 $\boldsymbol{v}$ の 2 成分 v_1, v_2 を同時に与えることから，$f(z)$ は**複素速度ポテンシャル**と呼ばれる．こうして，非圧縮性 2 次元渦なしの流れにおいては，複素関数論が有力は解析の手段となることが理解されるであろう．

2.9 2次元ポテンシャル流

前節での議論から，解析関数はすべて複素速度ポテンシャルとして利用できるがわかった．このとき，その虚部は流れの関数を表すから，それを使うと容易に流線の形状を求めることができる．そうであれば，この流線の一部を固体壁で置き換えても他の部分の流れに変化はないから，ここからいろいろな物体のまわりの流れを知ることができる．ここでは，いくつかの解析関数をとりあげて，その表す流れがどのようなものか，考察してみよう．

一様流

U, α を実定数とするとき，複素速度ポテンシャル

$$
f(z) = Ue^{-i\alpha}z \tag{2.65}
$$

を考えよう．その導関数は

$$\frac{df}{dz} = Ue^{-i\alpha} = U\cos\alpha - iU\sin\alpha$$

となるから，(2.63)式と比較して

$$v_1 = U\cos\alpha, \qquad v_2 = U\sin\alpha \tag{2.66}$$

となる．これは，x_1軸(実軸)に対して角αをなす速度Uの一様流を表している(図 2.17)．

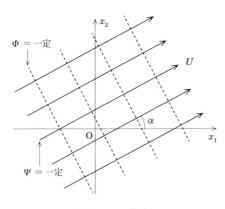

図 2.17 一様流

湧き出しと吸い込み

m を実定数とする複素速度ポテンシャル

$$f(z) = m\ln z \tag{2.67}$$

を考えよう．$z = re^{i\theta}$ と置くことで極形式を導入すれば

$$f(z) = m\ln(re^{i\theta}) = m\ln r + im\theta$$

となるから，(2.62)式と比較して

$$\Phi = m\ln r, \qquad \Psi = m\theta \tag{2.68}$$

が得られる．したがって，速度の動径方向成分 v_r とそれに垂直な方位角方向の成分 v_θ は，(2.68)式の第 1 式から

$$v_r = \frac{\partial \Phi}{\partial r} = \frac{m}{r}, \qquad v_\theta = \frac{1}{r}\frac{\partial \Phi}{\partial \theta} = 0 \tag{2.69}$$

と得られる．つまり，流速は中心からの距離に反比例することがわかる．

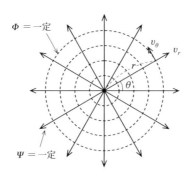

図 2.18 湧き出し

また，(2.68)式の第 2 式は流線を表し，それは原点を中心とする放射線状になることを示している．したがって，原点を 1 周する閉曲線 C を通して流出または流入する流量 Q は，

$$Q = \oint_C v_r ds = \int_0^{2\pi} \frac{m}{r} \cdot r d\theta = 2\pi m \tag{2.70}$$

と表される．$m > 0$ のときを**湧き出し**，$m < 0$ のときを**吸い込み**といい，m をその**強さ**という．

渦糸

κ を実定数とする複素速度ポテンシャル

$$f(z) = -i\kappa \ln z \tag{2.71}$$

を考えよう．$z = re^{i\theta}$ と置くと

$$f(z) = -i\kappa \ln(re^{i\theta}) = \kappa\theta - i\kappa \ln r$$

となるから，(2.62)式と比較すれば

$$\Phi = \kappa\theta, \quad \Psi = -\kappa \ln r \tag{2.72}$$

である．したがって，流れの速度の動径方向成分 v_r および方位角方向の成分 v_θ は，(2.72)式の第 1 式からそれぞれ

$$v_r = \frac{\partial \Phi}{\partial r} = 0, \quad v_\theta = \frac{1}{r}\frac{\partial \Phi}{\partial \theta} = \frac{\kappa}{r} \tag{2.73}$$

と得られる．

また，(2.72)式の第2式は流線を表し，それは原点を中心とする同心円群になることを示している．つまり，流れは $\kappa > 0$ のとき原点を中心とする反時計回りの同心円状で，流速は中心からの距離に反比例している．

いま，原点を1周する任意の閉曲線 C についての循環 Γ を求めると，

$$\Gamma = \oint_C v_s \, ds = \int_0^{2\pi} v_\theta \cdot r \, d\theta = \int_0^{2\pi} \frac{\kappa}{r} \cdot r \, d\theta = 2\pi\kappa \tag{2.74}$$

となる．すなわち，(2.71)式は，原点に強さ $\Gamma(>0)$ の渦糸があるときの反時計回りの流れを表しており，これはまた，任意の半径の円柱を巡る反時計回りの**循環流**を表すと解釈できる（図2.19）．

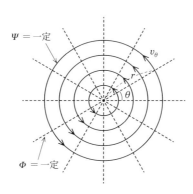

図 2.19 渦糸

二重湧き出し

図2.20のように，複素平面上の原点 O と点 $z_0 (= se^{i\alpha})$ にそれぞれ強さ $-m$ と $m(>0)$ の吸い込みと湧き出しを置くときの複素速度ポテンシャルは

$$f(z) = -m \ln z + m \ln(z - z_0) = m \ln\left(1 - \frac{z_0}{z}\right) \tag{2.75}$$

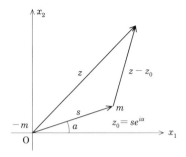

図 2.20 吸い込みと湧き出し

と表される．このとき，$\ln(1-z_0/z)$ をテイラー展開し，同時に $ms = \mu$ を一定に保ちながら $s \to 0$ とする極限を考えると，複素速度ポテンシャルは

$$f(z) = \lim_{s \to 0} m \left\{ -\frac{z_0}{z} - \frac{1}{2}\left(\frac{z_0}{z}\right)^2 - \frac{1}{3}\left(\frac{z_0}{z}\right)^3 - \cdots \right\}$$

$$= \lim_{s \to 0} \left(-\frac{mz_0}{z} \right) \left\{ 1 + \frac{1}{2}\left(\frac{z_0}{z}\right) + \frac{1}{3}\left(\frac{z_0}{z}\right)^2 + \cdots \right\}$$

$$= \lim_{s \to 0} \left(-\frac{mse^{i\alpha}}{z} \right) \left\{ 1 + \frac{1}{2}\left(\frac{se^{i\alpha}}{z}\right) + \frac{1}{3}\left(\frac{se^{i\alpha}}{z}\right)^2 + \cdots \right\}$$

$$\therefore \quad f(z) = -\frac{\mu e^{i\alpha}}{z} \tag{2.76}$$

となる．これが二重湧き出しの複素速度ポテンシャルである．ここで，μ は二重湧き出しの**強さ**または**モーメント**と呼ばれ，吸い込みから湧き出しに向かう方向，すなわち x_1 軸と偏角 α をなす向きをその**軸**という．その軸が x_1 軸に一致するとき $\alpha = 0$ であるから，$z = re^{i\theta}$ として，このときの複素速度ポテンシャルは

$$f(z) = -\frac{\mu}{z} = -\frac{\mu \cos\theta}{r} + i\frac{\mu \sin\theta}{r} \tag{2.77}$$

となり，流線は

$$\Psi = \frac{\mu \sin\theta}{r} \tag{2.78}$$

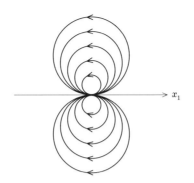

図 2.21 二重湧き出し

と表されて，すべて原点で x_1 軸に接するような円になる（図 2.21）．

角を回る流れ

A と n を正の定数とするとき，複素速度ポテンシャル
$$f(z) = Az^n \tag{2.79}$$
を考える．ここで $z = re^{i\theta}$ と置くと，(2.79)式は
$$f(z) = Ar^n e^{in\theta} = Ar^n(\cos n\theta + i\sin n\theta) \tag{2.80}$$
と書ける．そこで，この式と(2.62)式を比較すれば，流線を表す式は
$$\Psi = Ar^n \sin n\theta \tag{2.81}$$
と得られる．ここで，$\Psi = 0$ とすると $\sin n\theta = 0$ であるから，
$$\theta = \frac{k\pi}{n} \quad (k = 0, \pm 1, \pm 2, \cdots) \tag{2.82}$$
と求まる．これは原点を頂点とする中心角 π/n の半直線で区切られた領域を表すから，(2.79)式は半直線で区切られた領域の内外の流れを表すと理解される．完全流体では，任意の流線を固体壁とみなすこともできるから，見方を変えれば(2.79)式は角を回る流れを表すと解釈することもできる．

このとき，流速 v は(2.79)式と(2.63)式から

$$v = \left|\frac{df}{dz}\right| = |Anz^{n-1}| = Anr^{n-1} \tag{2.83}$$

と得られるが，頂点での値は $r=0$ として $n>1$，すなわち凹形の角を回る流れでは $v=0$ であり（図 2.22 (a), (b)），$n<1$ のとき，つまり凸形の角を回る流れでは $v=\infty$ となって現実とはあわない結果が得られる．実際には，凸形の角を回るとき，流線は角のところで剝がれて複雑な渦領域を発生することになり，粘性流体としての扱いが必要になるのである（図 2.22(c)）．

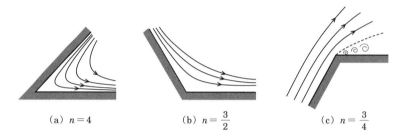

(a) $n=4$　　(b) $n=\dfrac{3}{2}$　　(c) $n=\dfrac{3}{4}$

図 2.22 角を回る流れ

2.10 円柱を過ぎる流れ

一様流中に，二重湧き出しがあるときの流れを考えよう．一様流の流速 U の向きに x_1 軸をとり，その原点に $-x_1$ 方向に軸をもつ二重湧き出しがあるときの複素速度ポテンシャルは，(2.65)式で $\alpha=0$，また(2.76)式で $\alpha=\pi$ とした式の和として

$$f(z) = Uz + \frac{\mu}{z} \tag{2.84}$$

と表される．これに $z=re^{i\theta}$ を代入すれば上式は

$$f(z) = \left(Ur+\frac{\mu}{r}\right)\cos\theta + i\left(Ur-\frac{\mu}{r}\right)\sin\theta$$

となるから，この式と(2.62)式を比較して

$$\Phi = \left(Ur+\frac{\mu}{r}\right)\cos\theta, \qquad \Psi = \left(Ur-\frac{\mu}{r}\right)\sin\theta \tag{2.85}$$

が得られる．ここで，$\Psi = 0$ となる流線は $r = \sqrt{\mu/U}$ または $\theta = 0, \pi$ であるときであり，これは円柱の表面を表すから，円柱の半径を a とすると

$$\mu = Ua^2 \tag{2.86}$$

となる．したがって，流速 U の一様流中に静止する半径 a の円柱があるとき，円柱外部の流れの複素速度ポテンシャルは (2.84) 式に (2.86) 式を代入して

$$f(z) = U\left(z+\frac{a^2}{z}\right) \tag{2.87}$$

と求められる．

循環を伴う流れ

さて，円柱を過ぎる一様流に，さらに渦糸を重ねるときの流れを考えよう．このとき，原点に時計回りの渦糸があって循環 $\Gamma (< 0)$ が生じているとすれば，(2.71) 式に (2.74) 式を考慮して，複素速度ポテンシャルは

$$f(z) = U\left(z+\frac{a^2}{z}\right)-i\frac{\Gamma}{2\pi}\ln z \tag{2.88}$$

と表される．したがって，これより複素速度は

$$\frac{df}{dz} = U\left(1-\frac{a^2}{z^2}\right)-i\frac{\Gamma}{2\pi z} \tag{2.89}$$

と求まる．流れの淀み点は $df/dz = 0$ となるところ，すなわち (2.89) 式から

$$Uz^2-i\frac{\Gamma}{2\pi}z-Ua^2 = 0$$

となる z の 2 次方程式の解として求まるので，解の公式より

$$z = i\frac{\Gamma}{4\pi U} \pm \frac{1}{2U}\sqrt{\left(-i\frac{\Gamma}{2\pi}\right)^2-4U(-Ua^2)}$$

$$= i\frac{\Gamma}{4\pi U} \pm a\sqrt{1-\left(\frac{\Gamma}{4\pi Ua}\right)^2} \tag{2.90}$$

となる．この結果から，淀み点の位置は $|\Gamma| \lessgtr 4\pi Ua$ によって，図 2.23 のように 3 通りの場合に分けられる．

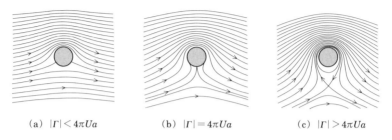

(a) $|\Gamma| < 4\pi Ua$　　　(b) $|\Gamma| = 4\pi Ua$　　　(c) $|\Gamma| > 4\pi Ua$

図 2.23　循環を伴う円柱を過ぎる流れ

(a) $|\Gamma| < 4\pi Ua$ の場合，淀み点は円柱上で左右対称の位置に現れ，(b) $|\Gamma| = 4\pi Ua$ では，円柱の最下点に，そして，(c) $|\Gamma| > 4\pi Ua$ ならば x_2 軸上で円柱の内外に一箇所ずつ現れる．いずれの場合も，円柱の上面で流速は大きくなるからベルヌーイの定理より圧力は低く，他方下面では流速が小さいので圧力は大きくなる．その結果，円柱は x_2 軸の正の向きに力，つまり**揚力**を受けることになる．これを**マグナス効果**という．この力の定量的な見積もりは，以下で述べることにしよう．

円柱に働く力

(2.88)式に $z = re^{i\theta}$ を代入すると

$$f = U\left(re^{i\theta} + \frac{a^2}{re^{i\theta}}\right) - i\frac{\Gamma}{2\pi}\ln re^{i\theta}$$

$$= U\left\{r(\cos\theta + i\sin\theta) + \frac{a^2}{r}(\cos\theta - i\sin\theta)\right\} - i\frac{\Gamma}{2\pi}(\ln r + i\theta)$$

$$= U\left(r + \frac{a^2}{r}\right)\cos\theta + \frac{\Gamma}{2\pi}\theta + i\left\{U\left(r - \frac{a^2}{r}\right)\sin\theta - \frac{\Gamma}{2\pi}\ln r\right\}$$

となるから，ここから流れの速度ポテンシャル Φ は

$$\Phi = U\left(r + \frac{a^2}{r}\right)\cos\theta + \frac{\Gamma}{2\pi}\theta \tag{2.91}$$

と得られる．これより円柱表面での流れの速度成分を求めると

$$(v_r)_{r=a} = \left(\frac{\partial\Phi}{\partial r}\right)_{r=a} = \left\{U\left(1 - \frac{a^2}{r^2}\right)\cos\theta\right\}_{r=a} = 0 \tag{2.92a}$$

$$(v_\theta)_{r=a} = \left(\frac{1}{r}\frac{\partial\Phi}{\partial\theta}\right)_{r=a} = \left\{-U\left(1 + \frac{a^2}{r^2}\right)\sin\theta + \frac{\Gamma}{2\pi r}\right\}_{r=a}$$

$$= -2U\sin\theta + \frac{\Gamma}{2\pi a} \tag{2.92b}$$

となるので，円柱表面での流速 v の二乗は，(2.92)式から

$$v^2 = \{(v_r)_{r=a}\}^2 + \{(v_\theta)_{r=a}\}^2 = 0^2 + \left(-2U\sin\theta + \frac{\Gamma}{2\pi a}\right)^2$$

$$= 4U^2\sin^2\theta - \frac{2U\Gamma}{\pi a}\sin\theta + \frac{\Gamma^2}{4\pi^2 a^2} \tag{2.93}$$

と求まる．いま，流れは定常で外力を無視しているから，淀み点の圧力を p_0 とすると，円柱表面での圧力 p は，ベルヌーイの定理(2.37)式より

$$p = p_0 - \frac{1}{2}\rho v^2 = \left(p_0 - \frac{\rho\Gamma^2}{8\pi^2 a^2}\right) + \frac{\rho U\Gamma}{\pi a}\sin\theta - 2\rho U^2\sin^2\theta \tag{2.94}$$

と得られる．

そこで，図 2.24 に示すように，単位法線ベクトルを $\boldsymbol{n} = (\cos\theta, \sin\theta)$ とすると，円柱面に沿った線要素は $ad\theta$ となるから，単位長さの円柱に働く力 $\boldsymbol{F} = (F_1, F_2)$ は

$$\boldsymbol{F} = -\int_0^{2\pi} p\boldsymbol{n}\,ad\theta \tag{2.95}$$

で与えられる．したがって，力 $\boldsymbol{F}$ の x_1 成分 F_1 は，(2.95)式に(2.94)式を代入して

$$F_1 = -a\int_0^{2\pi} p\cos\theta\,d\theta$$

$$= -a\int_0^{2\pi}\left\{\left(p_0 - \frac{\rho\Gamma^2}{8\pi^2 a^2}\right) + \frac{\rho U\Gamma}{\pi a}\sin\theta - 2\rho U^2\sin^2\theta\right\}\cos\theta\,d\theta$$

となる．ここで，被積分関数の第 3 項は

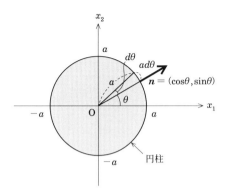

図 2.24 円柱面に働く力

$$\sin^2\theta\cos\theta = \frac{1}{2}(1-\cos 2\theta)\cos\theta = \frac{1}{2}\cos\theta - \frac{1}{4}(\cos\theta+\cos 3\theta)$$
$$= \frac{1}{4}(\cos\theta-\cos 3\theta)$$

と変形できるから，これを上式に代入して積分を実行すると

$$F_1 = -a\int_0^{2\pi}\left\{\left(p_0-\frac{\rho\Gamma^2}{8\pi^2 a^2}\right)\cos\theta\right.$$
$$\left.+\frac{\rho U\Gamma}{2\pi a}\sin 2\theta - \frac{1}{2}\rho U^2(\cos\theta-\cos 3\theta)\right\}d\theta$$
$$= 0 \tag{2.96a}$$

となる．これは，流れの方向に力（これを**抗力**という）を受けないことを表していて，現実には抵抗作用があることと矛盾する結果となる．これを**ダランベールのパラドックス（背理）**といい，長年にわたって研究者を悩ませ続けた問題である．この原因は，流体に粘性があることを無視したことにある．

次に，流れに垂直な方向（x_2軸方向）の力の成分F_2を求めてみよう．やはり，(2.95)式に(2.94)式を代入して

$$F_2 = -a\int_0^{2\pi} p\sin\theta\, d\theta$$

$$= -a \int_0^{2\pi} \left\{ \left(p_0 - \frac{\rho \Gamma^2}{8\pi^2 a^2} \right) + \frac{\rho U \Gamma}{\pi a} \sin\theta - 2\rho U^2 \sin^2\theta \right\} \sin\theta \, d\theta$$

を得るが，この被積分関数の第3項は

$$\sin^3\theta = \sin^2\theta \sin\theta = \frac{1}{2}(1 - \cos 2\theta) \sin\theta$$

$$= \frac{1}{2} \sin\theta - \frac{1}{4}(\sin 3\theta - \sin\theta)$$

$$= \frac{1}{4}(3 \sin\theta - \sin 3\theta)$$

と変形できるので，これを上式に代入し，積分を実行すれば

$$F_2 = -a \int_0^{2\pi} \left\{ \left(p_0 - \frac{\rho \Gamma^2}{8\pi^2 a^2} \right) \sin\theta \right.$$

$$\left. + \frac{\rho U \Gamma}{2\pi a}(1 - \cos 2\theta) - \frac{1}{2}\rho U^2 (3 \sin\theta - \sin 3\theta) \right\} d\theta$$

$$= -\rho U \Gamma \tag{2.96b}$$

との結果が得られる．すなわち，『一様流中に円柱があり，その周囲に時計回りの循環 $\Gamma (< 0)$ があるとき，円柱は単位長さ当たり $\rho U |\Gamma|$ の揚力を受ける』，ということを表している．これを，**クッター–ジューコフスキーの定理**と呼ぶ．

このように，2次元ポテンシャル流では流れのパターンを複素関数で表現できることで多くの進展が見られたが，一方で流れの向きに抗力を受けないという大きな矛盾に陥ることにもなった．この問題を解決するには，流体の粘性を考慮することが不可欠であるとともに，流体のみならず弾性体も含めた連続体としての見地から，新たな視点に立つ定式化が望まれることになる．

演習問題

1. 下図のように，管の一部を絞ると管内の流れの速度は変化する．このとき，同時に管内の圧力も変化するので，これを利用して管内の流量を測定することができる．これを具体化した装置が**ベンチュリ管**である．

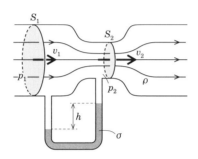

いま，管を絞る手前での断面積，流速，圧力をそれぞれ S_1, v_1, p_1，絞り部でのそれらを S_2, v_2, p_2 とし，その二箇所の圧力差を水銀柱で h として，管内の流量 Q を求めよ．ただし，流体と水銀の密度をそれぞれ ρ, σ，重力加速度を g とする．

2. 水を満たした水槽の栓を抜くと排水口に渦を生じるが，これを**自由渦**という．この自由渦の運動において，流速 v と渦の中心からの距離 r は反比例することを示せ．

3. 2次元非圧縮性定常ポテンシャル流中にある柱状物体において，その縁に沿う閉曲線を C とし，また物体中に原点 O をもち，流れの向きに x_1 軸を，それに垂直に x_2 軸をとるものとする．このとき，柱状物体に働く力の x_1, x_2 成分をそれぞれ F_1, F_2，原点 O のまわりの力のモーメントを M とすれば，それらは

$$F_1 - iF_2 = \frac{i\rho}{2} \oint_C \left(\frac{df}{dz}\right)^2 dz$$

$$M = -\frac{\rho}{2}\mathrm{Re}\left\{\oint_c \left(\frac{df}{dz}\right)^2 z\,dz\right\}$$

で与えられることを示せ．これらの式を，それぞれ**ブラジウスの第1公式**および**第2公式**という．ここで，i は虚数単位，ρ は流体の密度，f は複素速度ポテンシャル，z は複素数，Re は複素数の実部を表す．

4. 前問3のブラジウスの公式を使って，2次元非圧縮性定常ポテンシャル流中に置かれた円柱に働く力とモーメントを計算せよ．

第3章
連続体の変形と運動の一般的表示

3.1 連続体に働く力

　連続体に働く力は，図 3.1 に示すような任意の閉曲面をとって考えるとき，その内部の体積や質量に直接働く力と，その表面に周囲から働く力の二種類があることがわかる．前者の力としては重力や電磁気力(ローレンツ力)，慣性力(遠心力，コリオリ力)などがあり，いずれも閉曲面内の体積に比例することから**体積力**と呼ばれ，また後者には張力や圧縮力(圧力)があり，いずれもその表面積に比例することから**面積力**と呼ばれる．

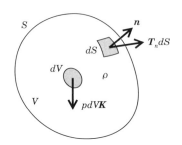

図 3.1　体積力と面積力

　いま，任意の閉曲面の表面積を S，内部の体積を V，密度を ρ とする．その内部にとった微小体積要素を dV の単位質量あたりに働く力を $\boldsymbol{K}$ とすると，微小体積要素に働く体積力は $\rho dV \boldsymbol{K}$ であるから，閉曲面内の体積全体については

第 3 章　連続体の変形と運動の一般的表示

$$\iiint_V \rho \, dV \boldsymbol{K} \tag{3.1}$$

と表される.

　一方, 閉曲面上にとった微小面積要素 dS の面に働く応力を $\boldsymbol{T}_n$ とすると, 微小面積要素に働く面積力は $\boldsymbol{T}_n dS$ となるので, 表面積全体では

$$\iint_S \boldsymbol{T}_n dS \tag{3.2}$$

と表される. ここで, 応力 $\boldsymbol{T}_n$ は, 一般に微小面積要素に垂直ではないことに注意しよう.

　さて, 上に見た微小面積要素に働く面積力は $\boldsymbol{T}_n dS$ であるが, これは閉曲面の外部の連続体が内部の連続体に及ぼす力である. そうであれは, 作用反作用の法則により閉曲面の内部から外部へ働く力も存在するはずで, いま閉曲面の内部の連続体が外部の連続体へ及ぼす応力を $\boldsymbol{T}_{-n}$ とすると, 反作用の力は $\boldsymbol{T}_{-n} dS$ と書けて, これらの力の和は 0 になる. すなわち,

$$\boldsymbol{T}_n dS + \boldsymbol{T}_{-n} dS = \boldsymbol{0}$$

である. しかるに, この両辺を dS で割れば,

$$\boldsymbol{T}_{-n} = -\boldsymbol{T}_n \tag{3.3}$$

なる関係式が得られる.

3.2 応力テンソル

　連続体が外力を受けて変形するとき, 連続体中の応力の向きは, 内部に考えた任意の面に対して, 一般に垂直ではない. すなわち, 一つの面に対して法線応力と接線応力が働くということである. ここでは, このような場合の応力の一般的表示法について考えてみる.

　いま, 図 3.2 に示すように, 連続体中に任意の直方体を考え, その各稜の方向をそれぞれ x_1 軸, x_2 軸, x_3 軸として, 各軸方向に垂直な面を x_1 面, x_2 面, x_3 面としよう. そして, x_1 面, x_2 面, x_3 面に働く応力をそれぞれ $\boldsymbol{T}_1, \boldsymbol{T}_2, \boldsymbol{T}_3$ とすると, 各応力を成分で表示すれば

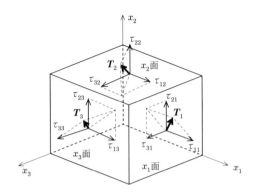

図 3.2 直方体の各面に働く応力成分

$$T_1 = \begin{bmatrix} \tau_{11} \\ \tau_{21} \\ \tau_{31} \end{bmatrix} \tag{3.4}$$

$$T_2 = \begin{bmatrix} \tau_{12} \\ \tau_{22} \\ \tau_{32} \end{bmatrix} \tag{3.5}$$

$$T_3 = \begin{bmatrix} \tau_{13} \\ \tau_{23} \\ \tau_{33} \end{bmatrix} \tag{3.6}$$

となる．また，成分 $\tau_{11}, \tau_{22}, \tau_{33}$ は各面に垂直な法線応力を表し，成分 τ_{21}, $\tau_{31}, \tau_{12}, \tau_{32}, \tau_{13}, \tau_{23}$ は各面内の接線応力を表している．さらに，応力を τ_{ij} と書くとき，第 1 の添え字 i は応力の向く軸方向，つまり x_i 軸方向を，第 2 の添え字 j は応力の作用面，つまり x_j 面を表している．

応力の表現

　以上のことを踏まえて，次に任意の方向を向く面に働く応力の表示方法を考えてみよう．連続体中に図 3.3 に示すような x_1 軸，x_2 軸，x_3 軸に垂直な三つの平面と，単位ベクトル $\boldsymbol{n} = [n_1 \ n_2 \ n_3]^T$ (括弧右肩の T は転置を意

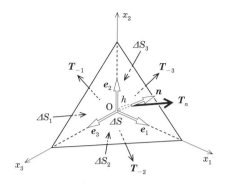

図 3.3 微小四面体に働く応力

味する)に垂直な平面からなる微小四面体を仮定し，x_1軸，x_2軸，x_3軸方向の単位ベクトルをそれぞれ e_1, e_2, e_3，各軸に垂直な平面の面積をそれぞれ $\Delta S_1, \Delta S_2, \Delta S_3$，それらの平面に働く応力を T_{-1}, T_{-2}, T_{-3} とする．また，単位ベクトル n に垂直な平面の面積を ΔS，この平面に働く応力を T_n としよう．このとき，微小四面体の加速度を a として，その運動方程式は

$$\frac{1}{3}h\Delta S\rho\boldsymbol{a} = \boldsymbol{T}_n\Delta S + \boldsymbol{T}_{-1}\Delta S_1 + \boldsymbol{T}_{-2}\Delta S_2 + \boldsymbol{T}_{-3}\Delta S_3 - \frac{1}{3}h\Delta S\rho g\boldsymbol{e}_2 \quad (3.7)$$

と書ける．ここで，h は底面積 ΔS から頂点 O に向けて立てた高さ，ρ は連続体の密度，g は重力加速度である．(3.7)式で，右辺の第1項から第4項までが面積力を，第5項はこの四面体に働く体積力(重力)を表している．また，微小面積 $\Delta S_1, \Delta S_2, \Delta S_3$ は面積 ΔS と

$\Delta S_1 = \Delta S \boldsymbol{e}_1 \cdot \boldsymbol{n} = n_1 \Delta S$

$\Delta S_2 = \Delta S \boldsymbol{e}_2 \cdot \boldsymbol{n} = n_2 \Delta S$

$\Delta S_3 = \Delta S \boldsymbol{e}_3 \cdot \boldsymbol{n} = n_3 \Delta S$

の関係にあり，さらに(3.3)式から

$\boldsymbol{T}_{-1} = -\boldsymbol{T}_1, \quad \boldsymbol{T}_{-2} = -\boldsymbol{T}_2, \quad \boldsymbol{T}_{-3} = -\boldsymbol{T}_3$

であるから，これらの式を(3.7)式へ代入すれば，それは

$$\frac{1}{3}h\Delta S\rho\boldsymbol{a} = \boldsymbol{T}_n\Delta S - \boldsymbol{T}_1 n_1\Delta S - \boldsymbol{T}_2 n_2\Delta S - \boldsymbol{T}_3 n_3\Delta S - \frac{1}{3}h\Delta S\rho g\boldsymbol{e}_2$$

となる．したがって，この両辺を ΔS で割り，$h \to 0$ とする極限をとれば，上式から

$$\boldsymbol{T}_n = \boldsymbol{T}_1 n_1 + \boldsymbol{T}_2 n_2 + \boldsymbol{T}_3 n_3 \tag{3.8a}$$

のような関係式が得られる．これは，ベクトルの内積表示からの類推で

$$\boldsymbol{T}_n = \begin{bmatrix} \boldsymbol{T}_1 & \boldsymbol{T}_2 & \boldsymbol{T}_3 \end{bmatrix} \begin{bmatrix} n_1 \\ n_2 \\ n_3 \end{bmatrix} \tag{3.8b}$$

とも表され，さらに $\bar{T} \equiv \begin{bmatrix} \boldsymbol{T}_1 & \boldsymbol{T}_2 & \boldsymbol{T}_3 \end{bmatrix}$ を定義すると，

$$\boldsymbol{T}_n = \bar{T}\boldsymbol{n}, \quad \text{ただし} \quad \bar{T} \equiv \begin{bmatrix} \tau_{11} & \tau_{12} & \tau_{13} \\ \tau_{21} & \tau_{22} & \tau_{23} \\ \tau_{31} & \tau_{32} & \tau_{33} \end{bmatrix} \tag{3.8c}$$

とも書ける．ここで，$\bar{T}$ は**応力テンソル**[1]と呼ばれ，9個の成分をもつ行列で表される．(3.8c)式から，連続体中の任意の面に働く応力 $\boldsymbol{T}_n$ は，その面における応力テンソル $\bar{T}$ とその面の単位法線ベクトル $\boldsymbol{n}$ との積で与えられることがわかる．

いま，$\boldsymbol{T}_n = \begin{bmatrix} T_{1n} & T_{2n} & T_{3n} \end{bmatrix}^T$ として，(3.4)式，(3.5)式，および(3.6)式を使って(3.8)式を成分で表示すれば，

$$\begin{bmatrix} T_{1n} \\ T_{2n} \\ T_{3n} \end{bmatrix} = \begin{bmatrix} \tau_{11} & \tau_{12} & \tau_{13} \\ \tau_{21} & \tau_{22} & \tau_{23} \\ \tau_{31} & \tau_{32} & \tau_{33} \end{bmatrix} \begin{bmatrix} n_1 \\ n_2 \\ n_3 \end{bmatrix} \tag{3.8d}$$

あるいはもっと簡単に

$$T_{in} = \tau_{ij} n_j \quad (i, j = 1, 2, 3) \tag{3.8e}$$

と表わされる．ただし，(3.8e)式では総和規約を用いた．ここに得られた(3.8)式を**コーシーの公式**と呼ぶ．

応力テンソルの対称性

次に，応力テンソルの各成分のもつ特性を調べてみよう．それには連続

第3章 連続体の変形と運動の一般的表示

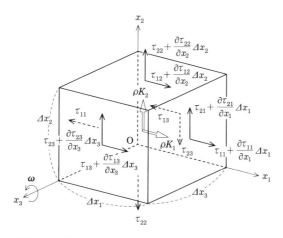

図 3.4 x_3 軸のまわりの回転に寄与する応力テンソルの成分

体中に微小な直方体を仮定し，その一つの辺のまわりの回転運動を考察すればよい．図3.4に示すように，直方体の各稜の向きに x_1 軸，x_2 軸，x_3 軸をとり，各軸に沿う方向の辺の長さをそれぞれ $\Delta x_1, \Delta x_2, \Delta x_3$ とする．いま，この直方体の x_3 軸のまわりの回転運動を考えよう．このとき，運動に寄与しない応力テンソルの成分は，x_3 軸に平行な成分と x_3 軸を含む面内の成分であるから，これらを除いた成分だけを示すと図3.4のようになる．これらの応力テンソルの成分による x_3 軸のまわりの回転のモーメントは，直方体の慣性モーメントと回転の角速度 ω の時間微分，つまり角加速度との積に等しいので，直方体の回転運動方程式は

$$\frac{1}{3}\rho \Delta x_1 \Delta x_2 \Delta x_3 \{(\Delta x_1)^2 + (\Delta x_2)^2\} \frac{d\omega}{dt}$$
$$= -\left(\tau_{11} + \frac{\partial \tau_{11}}{\partial x_1}\Delta x_1\right)\Delta x_2 \Delta x_3 \frac{\Delta x_2}{2} + \tau_{11}\Delta x_2 \Delta x_3 \frac{\Delta x_2}{2}$$
$$+ \left(\tau_{21} + \frac{\partial \tau_{21}}{\partial x_1}\Delta x_1\right)\Delta x_2 \Delta x_3 \Delta x_1 - \left(\tau_{12} + \frac{\partial \tau_{12}}{\partial x_2}\Delta x_2\right)\Delta x_1 \Delta x_3 \Delta x_2$$
$$+ \left(\tau_{22} + \frac{\partial \tau_{22}}{\partial x_2}\Delta x_2\right)\Delta x_1 \Delta x_3 \frac{\Delta x_1}{2} - \tau_{22}\Delta x_1 \Delta x_3 \frac{\Delta x_1}{2}$$

---

1) テンソル（tensor）という呼称は，連続体に外力を加えるとその内部が一種の緊張状態（tension）になることから，それになぞらえて考案された造語である．

$$+\left(\tau_{23}+\frac{\partial \tau_{23}}{\partial x_3}\Delta x_3\right)\Delta x_1 \Delta x_2 \frac{\Delta x_1}{2} - \tau_{23}\Delta x_1 \Delta x_2 \frac{\Delta x_1}{2}$$

$$-\left(\tau_{13}+\frac{\partial \tau_{13}}{\partial x_3}\Delta x_3\right)\Delta x_1 \Delta x_2 \frac{\Delta x_2}{2} + \tau_{13}\Delta x_1 \Delta x_2 \frac{\Delta x_2}{2}$$

$$-\rho K_1 \Delta x_1 \Delta x_2 \Delta x_3 \frac{\Delta x_2}{2} + \rho K_2 \Delta x_1 \Delta x_2 \Delta x_3 \frac{\Delta x_1}{2}$$

となる．ここで，K_1, K_2 は単位質量あたりに働く力 $\boldsymbol{K}$ の x_1, x_2 成分である．この式の両辺を $\Delta x_1 \Delta x_2 \Delta x_3$ で割り，$\Delta x_1 \to 0$, $\Delta x_2 \to 0$, $\Delta x_3 \to 0$ とする極限をとれば，

$$\tau_{21} = \tau_{12}$$

が得られる．これと同様にして x_1 軸，x_2 軸のまわりの回転運動を考えることから，最終的に

$$\tau_{ji} = \tau_{ij} \qquad (i,j = 1,2,3) \tag{3.9}$$

のような結果が得られる．つまり，独立な成分の数は 6 個であるということになる．

3.3 変形テンソル

連続体が力を受けて静的に変形する場合を，一般的に考えよう．その特徴は，連続体中の任意の二点が異なる変位をするということである．これを図 3.5 に示すが，連続体粒子内に互いに微小距離 $\delta \boldsymbol{x}$ を隔てた二点 P, Q（各点の位置ベクトルを $\boldsymbol{x}, \boldsymbol{x}+\delta \boldsymbol{x}$）を考え，それぞれの点での変位を $\boldsymbol{s}, \boldsymbol{s}'$ と

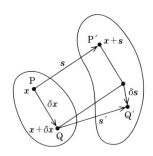

図 3.5 連続体粒子の変位と変形

第3章　連続体の変形と運動の一般的表示

すると，$s = s'$ であれば　連続体中には平行移動が生じただけで変形は起こらず，また逆に $s \neq s'$ であれば変形が生じたことになる．そこで，$s' = s(x + \delta x)$ であることに注意して変形ベクトル δs と微小距離 δx の関係を考察しよう．このとき，$\delta s \ll |s|$ であるとしてテイラー展開を利用すれば

$$s_i' = s_i(x_1 + \delta x_1, x_2 + \delta x_2, x_3 + \delta x_3)$$

$$= s_i(x_1, x_2, x_3) + \frac{\partial s_i}{\partial x_1}\delta x_1 + \frac{\partial s_i}{\partial x_2}\delta x_2 + \frac{\partial s_i}{\partial x_3}\delta x_3 + \cdots \qquad (i = 1, 2, 3)$$

$$(3.10)$$

と表されるから，変形 δs と微小距離 δx の関係は2次以上の微小量を無視して

$$\delta s_i = s_i' - s_i = \frac{\partial s_i}{\partial x_1}\delta x_1 + \frac{\partial s_i}{\partial x_2}\delta x_2 + \frac{\partial s_i}{\partial x_3}\delta x_3 \qquad (i = 1, 2, 3) \qquad (3.11)$$

と表される．すなわち，成分およびベクトルで表示すれば

$$\begin{bmatrix} \delta s_1 \\ \delta s_2 \\ \delta s_3 \end{bmatrix} = \begin{bmatrix} \dfrac{\partial s_1}{\partial x_1} & \dfrac{\partial s_1}{\partial x_2} & \dfrac{\partial s_1}{\partial x_3} \\ \dfrac{\partial s_2}{\partial x_1} & \dfrac{\partial s_2}{\partial x_2} & \dfrac{\partial s_2}{\partial x_3} \\ \dfrac{\partial s_3}{\partial x_1} & \dfrac{\partial s_3}{\partial x_2} & \dfrac{\partial s_3}{\partial x_3} \end{bmatrix} \begin{bmatrix} \delta x_1 \\ \delta x_2 \\ \delta x_3 \end{bmatrix}$$

$$\therefore \quad \delta s = D\delta x \qquad (3.12)$$

となる．ここで，D は連続体の単位長さあたりの変形の大きさを表す量で，**変形テンソル**と呼ばれる．

対称テンソルと反対称テンソル

変形テンソル D は，対称テンソル D_s と反対称テンソル D_a の和の形式，つまり

$$D = D_s + D_a \qquad (3.13)$$

と表すことができる．変形テンソルをこのように分けるのは，後にわかるように，対称テンソルの表す変形だけが応力に関係するからである．この意味で，対称テンソルを**歪みテンソル**と呼ぶ．以下に，これら D_s と D_a の

具体的形式を求めよう.

対称テンソル D_s の成分を歪み ε_{ij} $(i, j = 1, 2, 3)$ で表すとすると,

$$D_s = \begin{bmatrix} \varepsilon_{11} & \varepsilon_{12} & \varepsilon_{13} \\ \varepsilon_{21} & \varepsilon_{22} & \varepsilon_{23} \\ \varepsilon_{31} & \varepsilon_{32} & \varepsilon_{33} \end{bmatrix} \tag{3.14}$$

である. すると, その定義 $D_s \equiv (D + D^T)/2$ から

$$\begin{bmatrix} \varepsilon_{11} & \varepsilon_{12} & \varepsilon_{13} \\ \varepsilon_{21} & \varepsilon_{22} & \varepsilon_{23} \\ \varepsilon_{31} & \varepsilon_{32} & \varepsilon_{33} \end{bmatrix} = \frac{1}{2} \left\{ \begin{bmatrix} \dfrac{\partial s_1}{\partial x_1} & \dfrac{\partial s_1}{\partial x_2} & \dfrac{\partial s_1}{\partial x_3} \\ \dfrac{\partial s_2}{\partial x_1} & \dfrac{\partial s_2}{\partial x_2} & \dfrac{\partial s_2}{\partial x_3} \\ \dfrac{\partial s_3}{\partial x_1} & \dfrac{\partial s_3}{\partial x_2} & \dfrac{\partial s_3}{\partial x_3} \end{bmatrix} + \begin{bmatrix} \dfrac{\partial s_1}{\partial x_1} & \dfrac{\partial s_2}{\partial x_1} & \dfrac{\partial s_3}{\partial x_1} \\ \dfrac{\partial s_1}{\partial x_2} & \dfrac{\partial s_2}{\partial x_2} & \dfrac{\partial s_3}{\partial x_2} \\ \dfrac{\partial s_1}{\partial x_3} & \dfrac{\partial s_2}{\partial x_3} & \dfrac{\partial s_3}{\partial x_3} \end{bmatrix} \right\}$$

$$= \begin{bmatrix} \dfrac{\partial s_1}{\partial x_1} & \dfrac{1}{2}\left(\dfrac{\partial s_1}{\partial x_2} + \dfrac{\partial s_2}{\partial x_1}\right) & \dfrac{1}{2}\left(\dfrac{\partial s_1}{\partial x_3} + \dfrac{\partial s_3}{\partial x_1}\right) \\ \dfrac{1}{2}\left(\dfrac{\partial s_2}{\partial x_1} + \dfrac{\partial s_1}{\partial x_2}\right) & \dfrac{\partial s_2}{\partial x_2} & \dfrac{1}{2}\left(\dfrac{\partial s_2}{\partial x_3} + \dfrac{\partial s_3}{\partial x_2}\right) \\ \dfrac{1}{2}\left(\dfrac{\partial s_3}{\partial x_1} + \dfrac{\partial s_1}{\partial x_3}\right) & \dfrac{1}{2}\left(\dfrac{\partial s_3}{\partial x_2} + \dfrac{\partial s_2}{\partial x_3}\right) & \dfrac{\partial s_3}{\partial x_3} \end{bmatrix}$$

$$\tag{3.15a}$$

$$\therefore \quad \varepsilon_{ij} = \frac{1}{2}\left(\frac{\partial s_i}{\partial x_j} + \frac{\partial s_j}{\partial x_i}\right) \qquad (i, j = 1, 2, 3) \tag{3.15b}$$

の関係が得られる. これより,

$$\varepsilon_{ji} = \frac{1}{2}\left(\frac{\partial s_j}{\partial x_i} + \frac{\partial s_i}{\partial x_j}\right) \qquad (i, j = 1, 2, 3) \tag{3.16}$$

であるので,

$$\varepsilon_{ij} = \varepsilon_{ji} \qquad (i, j = 1, 2, 3) \tag{3.17}$$

が成り立つ.

また, 反対称テンソル D_a は,

$$D_a = \begin{bmatrix} \phi_{11} & \phi_{12} & \phi_{13} \\ \phi_{21} & \phi_{22} & \phi_{23} \\ \phi_{31} & \phi_{32} & \phi_{33} \end{bmatrix} \tag{3.18}$$

と置くと，その定義 $D_a \equiv (D - D^T)/2$ から

$$
\begin{bmatrix} \phi_{11} & \phi_{12} & \phi_{13} \\ \phi_{21} & \phi_{22} & \phi_{23} \\ \phi_{31} & \phi_{22} & \phi_{33} \end{bmatrix} = \frac{1}{2} \left\{ \begin{bmatrix} \dfrac{\partial s_1}{\partial x_1} & \dfrac{\partial s_1}{\partial x_2} & \dfrac{\partial s_1}{\partial x_3} \\ \dfrac{\partial s_2}{\partial x_1} & \dfrac{\partial s_2}{\partial x_2} & \dfrac{\partial s_2}{\partial x_3} \\ \dfrac{\partial s_3}{\partial x_1} & \dfrac{\partial s_3}{\partial x_2} & \dfrac{\partial s_3}{\partial x_3} \end{bmatrix} - \begin{bmatrix} \dfrac{\partial s_1}{\partial x_1} & \dfrac{\partial s_2}{\partial x_1} & \dfrac{\partial s_3}{\partial x_1} \\ \dfrac{\partial s_1}{\partial x_2} & \dfrac{\partial s_2}{\partial x_2} & \dfrac{\partial s_3}{\partial x_2} \\ \dfrac{\partial s_1}{\partial x_3} & \dfrac{\partial s_2}{\partial x_3} & \dfrac{\partial s_3}{\partial x_3} \end{bmatrix} \right\}
$$

$$
= \begin{bmatrix} 0 & \dfrac{1}{2}\left(\dfrac{\partial s_1}{\partial x_2} - \dfrac{\partial s_2}{\partial x_1}\right) & \dfrac{1}{2}\left(\dfrac{\partial s_1}{\partial x_3} - \dfrac{\partial s_3}{\partial x_1}\right) \\ \dfrac{1}{2}\left(\dfrac{\partial s_2}{\partial x_1} - \dfrac{\partial s_1}{\partial x_2}\right) & 0 & \dfrac{1}{2}\left(\dfrac{\partial s_2}{\partial x_3} - \dfrac{\partial s_3}{\partial x_2}\right) \\ \dfrac{1}{2}\left(\dfrac{\partial s_3}{\partial x_1} - \dfrac{\partial s_1}{\partial x_3}\right) & \dfrac{1}{2}\left(\dfrac{\partial s_3}{\partial x_2} - \dfrac{\partial s_2}{\partial x_3}\right) & 0 \end{bmatrix}
$$

$$\text{(3.19a)}$$

$$
\therefore \quad \phi_{ij} = \frac{1}{2}\left(\frac{\partial s_i}{\partial x_j} - \frac{\partial s_j}{\partial x_i}\right) \qquad (i, j = 1, 2, 3) \tag{3.19b}
$$

と得られる．これより

$$
\phi_{ji} = \frac{1}{2}\left(\frac{\partial s_j}{\partial x_i} - \frac{\partial s_i}{\partial x_j}\right) \qquad (i, j = 1, 2, 3) \tag{3.20}
$$

であるので，

$$
\phi_{ij} = -\phi_{ji} \qquad (i, j = 1, 2, 3) \tag{3.21}
$$

の関係が求まる．

D_a と rot s の関係

反対称テンソル D_a の ij 成分である(3.21)式を考慮して

$$
\phi_1 \equiv \phi_{32} = -\phi_{23}, \quad \phi_2 \equiv \phi_{13} = -\phi_{31}, \quad \phi_3 \equiv \phi_{21} = -\phi_{12} \tag{3.22}
$$

と置き，これを成分とするベクトル

$$
\boldsymbol{\Phi} \equiv \begin{bmatrix} \phi_1 \\ \phi_2 \\ \phi_3 \end{bmatrix} \tag{3.23}
$$

を定義すると，

$$\boldsymbol{\Phi} = \begin{bmatrix} \phi_1 \\ \phi_2 \\ \phi_3 \end{bmatrix} = \begin{bmatrix} \phi_{32} \\ \phi_{13} \\ \phi_{21} \end{bmatrix} = \frac{1}{2} \begin{bmatrix} \dfrac{\partial s_3}{\partial x_2} - \dfrac{\partial s_2}{\partial x_3} \\[2mm] \dfrac{\partial s_1}{\partial x_3} - \dfrac{\partial s_3}{\partial x_1} \\[2mm] \dfrac{\partial s_2}{\partial x_1} - \dfrac{\partial s_1}{\partial x_2} \end{bmatrix} = \frac{1}{2}\,\mathrm{rot}\,\boldsymbol{s}$$

$$\therefore \quad \boldsymbol{\Phi} = \frac{1}{2}\,\mathrm{rot}\,\boldsymbol{s} \tag{3.24}$$

となる．ここで，$\mathrm{rot}\,\boldsymbol{s}$ は変位ベクトル $\boldsymbol{s}$ の回転を表しているが，連続体の x_1 軸，x_2 軸，x_3 軸まわりの回転はその $1/2$ 倍であることを示している．

D_s と D_a の物理的解釈

$\boldsymbol{e}_1, \boldsymbol{e}_2, \boldsymbol{e}_3$ をそれぞれ x_1 軸，x_2 軸，x_3 軸方向の単位ベクトルとして(3.11) 式をベクトルで表示すると，

$$\delta\boldsymbol{s} = \left(\frac{\partial s_1}{\partial x_1}\delta x_1 + \frac{\partial s_1}{\partial x_2}\delta x_2 + \frac{\partial s_1}{\partial x_3}\delta x_3 \right)\boldsymbol{e}_1$$
$$+ \left(\frac{\partial s_2}{\partial x_1}\delta x_1 + \frac{\partial s_2}{\partial x_2}\delta x_2 + \frac{\partial s_2}{\partial x_3}\delta x_3 \right)\boldsymbol{e}_2 + \left(\frac{\partial s_3}{\partial x_1}\delta x_1 + \frac{\partial s_3}{\partial x_2}\delta x_2 + \frac{\partial s_3}{\partial x_3}\delta x_3 \right)\boldsymbol{e}_3$$
$$= \left(\frac{\partial s_1}{\partial x_1}\delta x_1 \boldsymbol{e}_1 + \frac{\partial s_2}{\partial x_2}\delta x_2 \boldsymbol{e}_2 + \frac{\partial s_3}{\partial x_3}\delta x_3 \boldsymbol{e}_3 \right) + \left(\frac{\partial s_1}{\partial x_2}\delta x_2 \boldsymbol{e}_1 + \frac{\partial s_2}{\partial x_1}\delta x_1 \boldsymbol{e}_2 \right)$$
$$+ \left(\frac{\partial s_3}{\partial x_1}\delta x_1 \boldsymbol{e}_3 + \frac{\partial s_1}{\partial x_3}\delta x_3 \boldsymbol{e}_1 \right) + \left(\frac{\partial s_2}{\partial x_3}\delta x_3 \boldsymbol{e}_2 + \frac{\partial s_3}{\partial x_2}\delta x_2 \boldsymbol{e}_3 \right)$$
$$= \left(\frac{\partial s_1}{\partial x_1}\delta x_1 \boldsymbol{e}_1 + \frac{\partial s_2}{\partial x_2}\delta x_2 \boldsymbol{e}_2 + \frac{\partial s_3}{\partial x_3}\delta x_3 \boldsymbol{e}_3 \right)$$
$$+ \frac{1}{2}\left(\frac{\partial s_2}{\partial x_1} + \frac{\partial s_1}{\partial x_2} \right)(\delta x_1 \boldsymbol{e}_2 + \delta x_2 \boldsymbol{e}_1) + \frac{1}{2}\left(\frac{\partial s_2}{\partial x_1} - \frac{\partial s_1}{\partial x_2} \right)(\delta x_1 \boldsymbol{e}_2 - \delta x_2 \boldsymbol{e}_1)$$
$$+ \frac{1}{2}\left(\frac{\partial s_1}{\partial x_3} + \frac{\partial s_3}{\partial x_1} \right)(\delta x_3 \boldsymbol{e}_1 + \delta x_1 \boldsymbol{e}_3) + \frac{1}{2}\left(\frac{\partial s_1}{\partial x_3} - \frac{\partial s_3}{\partial x_1} \right)(\delta x_3 \boldsymbol{e}_1 - \delta x_1 \boldsymbol{e}_3)$$
$$+ \frac{1}{2}\left(\frac{\partial s_3}{\partial x_2} + \frac{\partial s_2}{\partial x_3} \right)(\delta x_2 \boldsymbol{e}_3 + \delta x_3 \boldsymbol{e}_2) + \frac{1}{2}\left(\frac{\partial s_3}{\partial x_2} - \frac{\partial s_2}{\partial x_3} \right)(\delta x_2 \boldsymbol{e}_3 - \delta x_3 \boldsymbol{e}_2)$$

となる．これに(3.15b)式と(3.19b)式を使うと

$$\delta\boldsymbol{s} = (\varepsilon_{11}\delta x_1 \boldsymbol{e}_1 + \varepsilon_{22}\delta x_2 \boldsymbol{e}_2 + \varepsilon_{33}\delta x_3 \boldsymbol{e}_3)$$

$$+\varepsilon_{21}(\delta x_1\bm{e}_2+\delta x_2\bm{e}_1)+\phi_{21}(\delta x_1\bm{e}_2-\delta x_2\bm{e}_1)+\varepsilon_{13}(\delta x_3\bm{e}_1+\delta x_1\bm{e}_3)$$
$$+\phi_{13}(\delta x_3\bm{e}_1-\delta x_1\bm{e}_3)+\varepsilon_{32}(\delta x_2\bm{e}_3+\delta x_3\bm{e}_2)+\phi_{32}(\delta x_2\bm{e}_3-\delta x_3\bm{e}_2)$$

となり少し見やすくなるが，さらに順序を入れ替え(3.22)式を用いれば上式は

$$\begin{aligned}\delta\bm{s} =\ &\varepsilon_{11}\delta x_1\bm{e}_1+\varepsilon_{32}(\delta x_2\bm{e}_3+\delta x_3\bm{e}_2)+\phi_1(\delta x_2\bm{e}_3-\delta x_3\bm{e}_2)\\
&+\varepsilon_{22}\delta x_2\bm{e}_2+\varepsilon_{13}(\delta x_3\bm{e}_1+\delta x_1\bm{e}_3)+\phi_2(\delta x_3\bm{e}_1-\delta x_1\bm{e}_3)\\
&+\varepsilon_{33}\delta x_3\bm{e}_3+\varepsilon_{21}(\delta x_1\bm{e}_2+\delta x_2\bm{e}_1)+\phi_3(\delta x_1\bm{e}_2-\delta x_2\bm{e}_1)\end{aligned}\quad(3.25)$$

と整理される．この式から，この物理的意味をくみとってみよう．

まず $\varepsilon_{11},\varepsilon_{22},\varepsilon_{33}$ の掛かる項であるが，それぞれ x_1 軸，x_2 軸，x_3 軸方向の一様な伸びまたは縮みを表し(図 3.6(a))，$\varepsilon_{32},\varepsilon_{13},\varepsilon_{21}$ の掛かる項はそれぞ

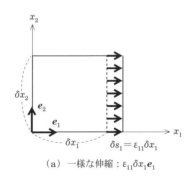

(a) 一様な伸縮：$\varepsilon_{11}\delta x_1\bm{e}_1$

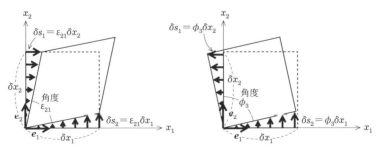

(b) 純粋なずれ変形：$\varepsilon_{21}(\delta x_1\bm{e}_2+\delta x_2\bm{e}_1)$　　(c) 回転変形：$\phi_3(\delta x_1\bm{e}_2+\delta x_2(-\bm{e}_1))$

図 3.6　連続体の変形

れ x_1 軸，x_2 軸，x_3 軸に垂直な平面内の長方形が平行四辺形につぶれる純粋なずれ変形を表している（図 3.6(b)）．ここまでが対称テンソル D_s に関係する部分である．

また，ϕ_1, ϕ_2, ϕ_3 の掛かる項はそれぞれ x_1 軸，x_2 軸，x_3 軸まわりの剛体回転による変形を表していて（図 3.6(c)），反対称テンソル D_a にかかわる部分である．

このように，連続体に生じる変形は，一様な伸縮，純粋なずれ，および剛体回転の三種類から構成されていることがわかる．これを**ヘルムホルツの基本定理**という．

体積歪み

いま，連続体に生じる変形として，一様な伸縮だけによるときの体積変化を考えよう．図 3.7 に示すように，連続体中に任意の直方体を考え，その互いに垂直な三辺の方向をそれぞれ x_1 軸，x_2 軸，x_3 軸として，各軸方向の辺の長さをそれぞれ $\delta x_1, \delta x_2, \delta x_3$，またその体積を V とする．この直方体が，各辺の伸びまたは縮みだけにより各辺の長さがそれぞれ $\delta x_1 + \delta s_1$，$\delta x_2 + \delta s_2, \delta x_3 + \delta s_3$，体積が $V + \Delta V$ に変化したとすると，このときの体積変化の割合は，(3.15b)式を考慮して

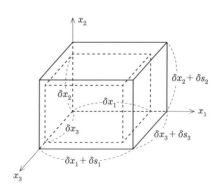

図 3.7 体積歪み

$$\frac{\Delta V}{V} = \frac{(\delta x_1 + \delta s_1)(\delta x_2 + \delta s_2)(\delta x_3 + \delta s_3) - \delta x_1 \delta x_2 \delta x_3}{\delta x_1 \delta x_2 \delta x_3}$$

$$= \left(1 + \frac{\delta s_1}{\delta x_1}\right)\left(1 + \frac{\delta s_2}{\delta x_2}\right)\left(1 + \frac{\delta s_3}{\delta x_3}\right) - 1 \cong \frac{\partial s_1}{\partial x_1} + \frac{\partial s_2}{\partial x_2} + \frac{\partial s_3}{\partial x_3}$$

$$= \varepsilon_{11} + \varepsilon_{22} + \varepsilon_{33} = \mathrm{div}\,\boldsymbol{s} \tag{3.26}$$

と表される．ここで，伸びまたは縮みを表す $\delta s_1, \delta s_2, \delta s_3$ は微小であるとして，それらの積の項は無視した．この結果を物理的に解釈すると，変位ベクトル $\boldsymbol{s}$ の発散 $\mathrm{div}\,\boldsymbol{s}$ は，連続体の体積変化の割合に等しい，ということである．これを**体積歪み**と呼ぶ．

3.4 変形速度テンソル

ここでは，弾性体の動的変形とか流体の運動など，連続体が動的に変形する場合を考えよう．このときは，連続体の有限時間での変形が問題となり，**変形速度**という考え方が必要になる．3.3 節で述べたことと異なる点は，各種の変位，変形がすべて時間に依存するようになることである．以下に，具体的に述べてみよう．

今度は，図 3.5 にある連続体粒子中の接近した二点 P, Q が，微小時間 δt で二点 P′, Q′ へ変位したとする．各点の変位する速度は，各点での連続体の速度に等しいので，点 P では $\boldsymbol{v} = \partial \boldsymbol{s}/\partial t$，点 P′ では $\boldsymbol{v}' = \partial \boldsymbol{s}'/\partial t$ である．したがって，変形速度 $\delta\boldsymbol{v} = [\delta v_1 \ \delta v_2 \ \delta v_3]^T$ は，

$$\delta\boldsymbol{v} = \delta\frac{\partial \boldsymbol{s}}{\partial t} = \frac{\partial}{\partial t}\delta\boldsymbol{s} \tag{3.27}$$

と表されるから，この式に (3.12) 式を代入すれば $\delta\boldsymbol{v} = (\partial D/\partial t)\delta\boldsymbol{x}$，つまり，

$$\begin{bmatrix} \delta v_1 \\ \delta v_2 \\ \delta v_3 \end{bmatrix} = \frac{\partial}{\partial t} \begin{bmatrix} \dfrac{\partial s_1}{\partial x_1} & \dfrac{\partial s_1}{\partial x_2} & \dfrac{\partial s_1}{\partial x_3} \\[2mm] \dfrac{\partial s_2}{\partial x_1} & \dfrac{\partial s_2}{\partial x_2} & \dfrac{\partial s_2}{\partial x_3} \\[2mm] \dfrac{\partial s_3}{\partial x_1} & \dfrac{\partial s_3}{\partial x_2} & \dfrac{\partial s_3}{\partial x_3} \end{bmatrix} \begin{bmatrix} \delta x_1 \\ \delta x_2 \\ \delta x_3 \end{bmatrix}$$

$$
= \begin{bmatrix}
\dfrac{\partial}{\partial x_1}\left(\dfrac{\partial s_1}{\partial t}\right) & \dfrac{\partial}{\partial x_2}\left(\dfrac{\partial s_1}{\partial t}\right) & \dfrac{\partial}{\partial x_3}\left(\dfrac{\partial s_1}{\partial t}\right) \\[2ex]
\dfrac{\partial}{\partial x_1}\left(\dfrac{\partial s_2}{\partial t}\right) & \dfrac{\partial}{\partial x_2}\left(\dfrac{\partial s_2}{\partial t}\right) & \dfrac{\partial}{\partial x_3}\left(\dfrac{\partial s_2}{\partial t}\right) \\[2ex]
\dfrac{\partial}{\partial x_1}\left(\dfrac{\partial s_3}{\partial t}\right) & \dfrac{\partial}{\partial x_2}\left(\dfrac{\partial s_3}{\partial t}\right) & \dfrac{\partial}{\partial x_3}\left(\dfrac{\partial s_3}{\partial t}\right)
\end{bmatrix}
\begin{bmatrix} \delta x_1 \\[1ex] \delta x_2 \\[1ex] \delta x_3 \end{bmatrix}
$$

$$
= \begin{bmatrix}
\dfrac{\partial v_1}{\partial x_1} & \dfrac{\partial v_1}{\partial x_2} & \dfrac{\partial v_1}{\partial x_3} \\[2ex]
\dfrac{\partial v_2}{\partial x_1} & \dfrac{\partial v_2}{\partial x_2} & \dfrac{\partial v_2}{\partial x_3} \\[2ex]
\dfrac{\partial v_3}{\partial x_1} & \dfrac{\partial v_3}{\partial x_2} & \dfrac{\partial v_3}{\partial x_3}
\end{bmatrix}
\begin{bmatrix} \delta x_1 \\[1ex] \delta x_2 \\[1ex] \delta x_3 \end{bmatrix}
$$

$$
\therefore \quad \delta \boldsymbol{v} = \dot{D}\delta\boldsymbol{x} \tag{3.28}
$$

となる．ここに，行列 $\dot{D}$ を**変形速度テンソル**と呼ぶ．

対称テンソルと反対称テンソル

変形速度テンソル $\dot{D}$ は，先と同様，対称テンソル $\dot{D}_s$ と反対称テンソル $\dot{D}_a$ の和で表すことができて，

$$
\dot{D} = \dot{D}_s + \dot{D}_a \tag{3.29}
$$

である．このとき，対称テンソル $\dot{D}_s$ の成分を $e_{ij}\ (i, j = 1, 2, 3)$ と書くとすれば

$$
\dot{D}_s = \begin{bmatrix}
e_{11} & e_{12} & e_{13} \\
e_{21} & e_{22} & e_{23} \\
e_{31} & e_{32} & e_{33}
\end{bmatrix} \tag{3.30}
$$

となるので，(3.28)式と定義 $\dot{D}_s \equiv (\dot{D} + \dot{D}^T)/2$ から

$$
\begin{bmatrix}
e_{11} & e_{12} & e_{13} \\
e_{21} & e_{22} & e_{23} \\
e_{31} & e_{32} & e_{33}
\end{bmatrix}
=
\begin{bmatrix}
\dfrac{\partial v_1}{\partial x_1} & \dfrac{1}{2}\left(\dfrac{\partial v_1}{\partial x_2}+\dfrac{\partial v_2}{\partial x_1}\right) & \dfrac{1}{2}\left(\dfrac{\partial v_1}{\partial x_3}+\dfrac{\partial v_3}{\partial x_1}\right) \\[3mm]
\dfrac{1}{2}\left(\dfrac{\partial v_2}{\partial x_1}+\dfrac{\partial v_1}{\partial x_2}\right) & \dfrac{\partial v_2}{\partial x_2} & \dfrac{1}{2}\left(\dfrac{\partial v_2}{\partial x_3}+\dfrac{\partial v_3}{\partial x_2}\right) \\[3mm]
\dfrac{1}{2}\left(\dfrac{\partial v_3}{\partial x_1}+\dfrac{\partial v_1}{\partial x_3}\right) & \dfrac{1}{2}\left(\dfrac{\partial v_3}{\partial x_2}+\dfrac{\partial v_2}{\partial x_3}\right) & \dfrac{\partial v_3}{\partial x_3}
\end{bmatrix}
$$

$$\text{(3.31a)}$$

$$
\therefore \quad e_{ij}=\frac{1}{2}\left(\frac{\partial v_i}{\partial x_j}+\frac{\partial v_j}{\partial x_i}\right) \qquad (i, j=1, 2, 3) \tag{3.31b}
$$

の関係が得られる．これより，

$$
e_{ji}=\frac{1}{2}\left(\frac{\partial v_j}{\partial x_i}+\frac{\partial v_i}{\partial x_j}\right) \qquad (i, j=1, 2, 3), \tag{3.32}
$$

$$
e_{ij}=e_{ji} \qquad (i, j=1, 2, 3) \tag{3.33}
$$

の関係も得られる．

(3.31a)式から明らかなように，対角成分は x_1 軸，x_2 軸，x_3 軸方向の一様な伸縮歪み速度を，また，それ以外の成分は純粋なずれ歪み速度を表すことから，$\dot{D}_s$ は**歪み速度テンソル**と呼ばれる．

次に，反対称テンソル $\dot{D}_a$ であるが，それを

$$
\dot{D}_a=
\begin{bmatrix}
\dot{\phi}_{11} & \dot{\phi}_{12} & \dot{\phi}_{13} \\
\dot{\phi}_{21} & \dot{\phi}_{22} & \dot{\phi}_{23} \\
\dot{\phi}_{31} & \dot{\phi}_{32} & \dot{\phi}_{33}
\end{bmatrix}
\tag{3.34}
$$

と置くと，その定義 $\dot{D}_a \equiv (\dot{D}-\dot{D}^T)/2$ から

$$
\begin{bmatrix}
\dot{\phi}_{11} & \dot{\phi}_{12} & \dot{\phi}_{13} \\
\dot{\phi}_{21} & \dot{\phi}_{22} & \dot{\phi}_{23} \\
\dot{\phi}_{31} & \dot{\phi}_{32} & \dot{\phi}_{33}
\end{bmatrix}
=
\begin{bmatrix}
0 & \dfrac{1}{2}\left(\dfrac{\partial v_1}{\partial x_2}-\dfrac{\partial v_2}{\partial x_1}\right) & \dfrac{1}{2}\left(\dfrac{\partial v_1}{\partial x_3}-\dfrac{\partial v_3}{\partial x_1}\right) \\[3mm]
\dfrac{1}{2}\left(\dfrac{\partial v_2}{\partial x_1}-\dfrac{\partial v_1}{\partial x_2}\right) & 0 & \dfrac{1}{2}\left(\dfrac{\partial v_2}{\partial x_3}-\dfrac{\partial v_3}{\partial x_2}\right) \\[3mm]
\dfrac{1}{2}\left(\dfrac{\partial v_3}{\partial x_1}-\dfrac{\partial v_1}{\partial x_3}\right) & \dfrac{1}{2}\left(\dfrac{\partial v_3}{\partial x_2}-\dfrac{\partial v_2}{\partial x_3}\right) & 0
\end{bmatrix}
$$

$$\text{(3.35a)}$$

$$
\therefore \quad \dot{\phi}_{ij}=\frac{1}{2}\left(\frac{\partial v_i}{\partial x_j}-\frac{\partial v_j}{\partial x_i}\right) \qquad (i, j=1, 2, 3) \tag{3.35b}
$$

と得られる．これより

$$\dot{\phi}_{ji} = \frac{1}{2}\left(\frac{\partial v_j}{\partial x_i} - \frac{\partial v_i}{\partial x_j}\right) \qquad (i, j = 1, 2, 3), \tag{3.36}$$

$$\dot{\phi}_{ij} = -\dot{\phi}_{ji} \qquad (i, j = 1, 2, 3) \tag{3.37}$$

の関係も得られる．

$\dot{D}_a$ と rot v の関係

反対称テンソル $\dot{D}_a$ の ij 成分である(3.37)式を考慮して

$$\dot{\phi}_1 \equiv \dot{\phi}_{32} = -\dot{\phi}_{23}, \qquad \dot{\phi}_2 \equiv \dot{\phi}_{13} = -\dot{\phi}_{31}, \qquad \dot{\phi}_3 \equiv \dot{\phi}_{21} = -\dot{\phi}_{12} \tag{3.38}$$

と置き，これを成分とするベクト

$$\dot{\boldsymbol{\Phi}} \equiv \begin{bmatrix} \dot{\phi}_1 \\ \dot{\phi}_2 \\ \dot{\phi}_3 \end{bmatrix} \tag{3.39}$$

を定義すれば，

$$\dot{\boldsymbol{\Phi}} = \begin{bmatrix} \dot{\phi}_1 \\ \dot{\phi}_2 \\ \dot{\phi}_3 \end{bmatrix} = \begin{bmatrix} \dot{\phi}_{32} \\ \dot{\phi}_{13} \\ \dot{\phi}_{21} \end{bmatrix} = \frac{1}{2}\begin{bmatrix} \dfrac{\partial v_3}{\partial x_2} - \dfrac{\partial v_2}{\partial x_3} \\[2mm] \dfrac{\partial v_1}{\partial x_3} - \dfrac{\partial v_3}{\partial x_1} \\[2mm] \dfrac{\partial v_2}{\partial x_1} - \dfrac{\partial v_1}{\partial x_2} \end{bmatrix} = \frac{1}{2}\,\mathrm{rot}\,\boldsymbol{v}$$

$$\therefore \quad \dot{\boldsymbol{\Phi}} = \frac{1}{2}\,\mathrm{rot}\,\boldsymbol{v} \tag{3.40}$$

が得られる．ここで，rot $\boldsymbol{v}$ は(2.6)式で定義した渦度 $\boldsymbol{\omega}$ であるから，連続体粒子は x_1 軸，x_2 軸，x_3 軸のまわりに角速度 $\boldsymbol{\omega}/2$ で回転運動することを示している．

体積歪み速度

いま，連続体に生じる変形速度として，一様な伸縮歪み速度だけによる場合の体積変化を考えよう．連続体中に任意の直方体を考え，その互いに

垂直な三辺の方向をそれぞれ x_1 軸, x_2 軸, x_3 軸として, 各軸方向の辺の長さが単位時間でそれぞれ $\delta x_1, \delta x_2, \delta x_3$ からそれぞれ $\delta x_1 + \delta v_1, \delta x_2 + \delta v_2, \delta x_3 + \delta v_3$ に, またその体積が V から $V + \Delta V$ に変化したとすると, このときの体積変化率は, (3.31b)式を考慮して

$$\frac{\Delta V}{V} = \frac{(\delta x_1 + \delta v_1)(\delta x_2 + \delta v_2)(\delta x_3 + \delta v_3) - \delta x_1 \delta x_2 \delta x_3}{\delta x_1 \delta x_2 \delta x_3}$$

$$\cong \frac{\partial v_1}{\partial x_1} + \frac{\partial v_2}{\partial x_2} + \frac{\partial v_3}{\partial x_3}$$

$$= e_{11} + e_{22} + e_{33} = \mathrm{div}\, \boldsymbol{v} \tag{3.41}$$

と表される. ここで, 伸縮歪みの割合を表す $\delta v_1, \delta v_2, \delta v_3$ は微小であるとして, それらの積の項は無視した. ここから, 速度ベクトル $\boldsymbol{v}$ の発散 $\mathrm{div}\, \boldsymbol{v}$ は, 連続体の体積変化率に等しい, ということである. これを**体積歪み速度**と呼ぶ.

3.5 構成方程式

いま, 一定の大きさの力を鉄の板とプラスチックの板に加えたとしよう. これによりそれぞれの板は変形するが, その度合いは異なることが観察できる. つまり, 連続体はその受ける外力が一定であっても, その力学的特性の違いにより変形の程度が異なるのである. この力学的特性を数学的に表現するのが**構成方程式**と呼ぶもので, ここでは連続体の代表である弾性体と流体の構成方程式を導くことにする.

線形弾性体

弾性体では, その比例限界内であれば, 加えた応力と歪みは比例するという, フックの法則が成立することが知られている. いま, 応力テンソルを τ_{ij}, 歪みテンソルを ε_{kl} として上の法則を拡張一般化するとき,

$$\tau_{ij} = C_{ijkl}\varepsilon_{kl} \tag{3.42}$$

という力学的特性を有する弾性体を**線形弾性体**, または**フック弾性体**と呼ぶ. ここで, 比例定数 C_{ijkl} は, **弾性定数テンソル**と呼ばれる.

一般に，連続体の力学的特性があらゆる方向に一様で，座標のとり方に依存しない場合には，その性質を**等方性**という．この等方性線形弾性体では，弾性定数テンソル C_{ijkl} は，

$$C_{ijkl} = \lambda\delta_{ij}\delta_{kl} + \mu(\delta_{ik}\delta_{jl} + \delta_{il}\delta_{jk}) \qquad (i, j, k, l = 1, 2, 3) \tag{3.43}$$

と表される[2]．ここで，λ, μ は**ラメの弾性定数**，また δ_{ij} は**クロネッカーのデルタ**と呼ばれるもので，次のようである．

$$\delta_{ij} = \begin{cases} 1 & (i = j) \\ 0 & (i \neq j) \end{cases} \tag{3.44}$$

そこで，(3.43)式を(3.42)式に代入してみよう．すると(3.42)式は

$$\tau_{ij} = \{\lambda\delta_{ij}\delta_{kl} + \mu(\delta_{ik}\delta_{jl} + \delta_{il}\delta_{jk})\}\varepsilon_{kl}$$
$$= \lambda\delta_{ij}\delta_{kk}\varepsilon_{kk} + \mu\delta_{ii}\delta_{jj}\varepsilon_{ij} + \mu\delta_{ii}\delta_{jj}\varepsilon_{ji}$$
$$= \lambda\varepsilon_{kk}\delta_{ij} + \mu\varepsilon_{ij} + \mu\varepsilon_{ji}$$

となるから，これに(3.17)式を使えば

$$\tau_{ij} = \lambda\varepsilon_{kk}\delta_{ij} + 2\mu\varepsilon_{ij} \qquad (i, j = 1, 2, 3) \tag{3.45}$$

となって，等方性線形弾性体の構成方程式が得られる(演習問題 2 を参照)．これを**一般化されたフックの法則**という．

(3.45)式から，応力テンソルの対角和を求めてみよう．総和規約から $\delta_{ii} = 3$ であることと，$\varepsilon_{ii} = \varepsilon_{kk}$ であることに注意すれば，

$$\tau_{ii} = \lambda\varepsilon_{kk}\delta_{ii} + 2\mu\varepsilon_{ii}$$
$$\therefore \quad \tau_{ii} = (3\lambda + 2\mu)\varepsilon_{ii} \tag{3.46}$$

となる．したがって，(3.46)式を使って(3.45)式を歪み ε_{ij} について解けば

$$\varepsilon_{ij} = \frac{1}{2\mu}\tau_{ij} - \frac{\lambda}{2\mu(3\lambda + 2\mu)}\tau_{kk}\delta_{ij} \tag{3.47}$$

と求められる．この式から，λ, μ の値が大きければ有限の応力 τ_{ij} に対して歪み ε_{ij} は小さくなり，特に $\lambda \to \infty$，$\mu \to \infty$ となるときは $\varepsilon_{ij} \to 0$ となって，剛体[3]の特性を示すことがわかる．

ラメの弾性定数と各種弾性率の関係

図3.8に示すように，真っ直ぐな棒の両端にその軸方向に外力を加えて

引っ張ることを考えよう．棒の軸に沿って x_1 軸をとり，これに垂直な面内に互いに直角に x_2 軸，x_3 軸を設ける．このとき，

$$\tau_{22} = \tau_{33} = 0 \tag{3.48}$$

であり，さらに(1.4)式と(1.5)式から

$$\tau_{11} = E\varepsilon_{11}, \quad \varepsilon_{22} = \varepsilon_{33} = -\sigma\varepsilon_{11} \tag{3.49}$$

である．

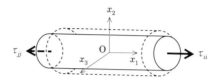

図 3.8 真っ直ぐな棒の引張り

一方，(3.45)式から総和規約に注意して

$$\tau_{11} = \lambda(\varepsilon_{11}+\varepsilon_{22}+\varepsilon_{33}) + 2\mu\varepsilon_{11} = (\lambda+2\mu)\varepsilon_{11} + \lambda\varepsilon_{22} + \lambda\varepsilon_{33} \tag{3.50}$$

$$\tau_{22} = \lambda\varepsilon_{11} + (\lambda+2\mu)\varepsilon_{22} + \lambda\varepsilon_{33} \tag{3.51}$$

$$\tau_{33} = \lambda\varepsilon_{11} + \lambda\varepsilon_{22} + (\lambda+2\mu)\varepsilon_{33} \tag{3.52}$$

である．

したがって，(3.48)式と(3.49)式を(3.50)式～(3.52)式へ代入すれば，

$$E = (1-2\sigma)\lambda + 2\mu$$

$$0 = (1-2\sigma)\lambda - 2\sigma\mu$$

を得る．ただし，(3.51)式と(3.52)式は，上の第二式に集約される．この二式を λ, μ についての連立方程式として解けば

$$\lambda = \frac{\sigma E}{(1+\sigma)(1-2\sigma)}, \quad \mu = \frac{E}{2(1+\sigma)} \tag{3.53}$$

の関係式が求まる．

次に，静水圧を受ける直方体が圧力変化 Δp ($\Delta p > 0$) によりその体積が V から $V + \Delta V$ ($\Delta V < 0$) に変化したとしよう（図3.9）．このとき，

---

2) 参考文献[8]，[10]，もしくは，石原 繁：『テンソル』，裳華房(2010) pp. 135～137 を参照．
3) 剛体の定義は p.011 の脚注を参照．その定義から，外力を受けても歪むことはないので $\varepsilon_{ij} = 0$．

$$\left.\begin{array}{l}\tau_{11}=\tau_{22}=\tau_{33}=-\Delta p\\ \tau_{12}=\tau_{23}=\tau_{31}=0\end{array}\right\} \tag{3.54}$$

であり，また歪みは等方的であるから

$$\left.\begin{array}{l}\varepsilon_{11}=\varepsilon_{22}=\varepsilon_{33}\\ \varepsilon_{12}=\varepsilon_{23}=\varepsilon_{31}=0\end{array}\right\} \tag{3.55}$$

である．したがって，(3.54)式と(3.55)式の各第1式を(3.45)式に代入すれば

$$-3\Delta p=(3\lambda+2\mu)\varepsilon_{ii}$$

となるが，これに(3.26)式を使うと上式は

$$-3\Delta p=(3\lambda+2\mu)\frac{\Delta V}{V}$$

$$\therefore\quad \Delta p=-\frac{3\lambda+2\mu}{3}\frac{\Delta V}{V}$$

となる．しかるに，この式と(1.6)式と比較すれば

$$k=\lambda+\frac{2}{3}\mu \tag{3.56}$$

なる関係式が得られる．

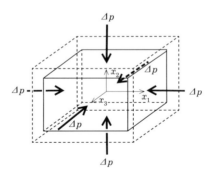

図 3.9　等方圧縮

今度は，純粋なずれ変形を考えよう．図 3.10 のように座標軸をとり，直

方体を接線応力 f により図のようにずれ変形させるときは

$$\left.\begin{array}{l}\tau_{12} = f \\ \tau_{11} = \tau_{22} = \tau_{33} = \tau_{23} = \tau_{31} = 0\end{array}\right\} \quad (3.57)$$

であるから，これによる歪み ε_{12} は(3.47)式から

$$\varepsilon_{12} = \frac{\tau_{12}}{2\mu} = \frac{f}{2\mu} \quad (3.58)$$

と求まる．また，$s_1 = x_2\theta$, $s_2 = 0$ として(3.15b)式から

$$\varepsilon_{12} = \frac{1}{2}\left(\frac{\partial s_1}{\partial x_2} + \frac{\partial s_2}{\partial x_1}\right) = \frac{1}{2}\theta \quad (3.59)$$

であるから，(3.58)式と(3.59)式を等置すれば

$$f = \mu\theta$$

を得る．よって，この式と(1.12)式を比較することから

$$\mu = G \quad (3.60)$$

なる関係が得られる．

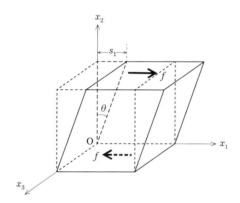

図 3.10 純粋なずれ変形

静止流体と完全流体

　動きのない静止した流体のことを**静止流体**というが，その特徴は，1.7 節で見たように，内部に考えた平面に対して法線応力のみが働き，接線応

力が働かないことである.

　一方,**完全流体**は,動きのある流体であるが,やはり接線応力は働かず,法線応力のみが作用するとする流体のことである.実在の流体では法線応力と同時に接線応力も作用するが,空気や水の流れの場合には接線応力を無視してもかなり良い実用的な結果が得られることから,古くから研究されてきた.

　いずれの場合も応力に関する特徴は同じと見てよいので,圧力を p とすると,応力 τ_{ij} は

$$\tau_{ij} = -p\delta_{ij} \qquad (i, j = 1, 2, 3) \tag{3.61a}$$

と表される.これを応力テンソル $\bar{T}$ で表示すれば,

$$\bar{T} \equiv \begin{bmatrix} -p & 0 & 0 \\ 0 & -p & 0 \\ 0 & 0 & -p \end{bmatrix} \tag{3.61b}$$

となる.つまり,等方性流体であるということである.

ニュートン流体

　川などの水の流れに手を入れてみると,流れの向きに引きずられるような抵抗力を感じる.これは,流体に接線応力を発生させる性質である**粘性**があることによる.このように,現実の流体には法線応力と同時に接線応力も働くのである.この接線応力の発生は,流体の運動により生じる変形速度に起因すると考えられるが,ここでは線形弾性体と同様に,応力テンソル τ_{ij} が変形速度テンソル e_{kl} に比例すると仮定する.このような条件を満たす流体を**ニュートン流体**といい,その構成方程式は,静止流体における等方性を考慮して,

$$\tau_{ij} = -p\delta_{ij} + D_{ijkl}e_{kl} \tag{3.62}$$

と書ける.ここで,定数 D_{ijkl} は**粘性係数テンソル**と呼ばれる.

　等方性流体における粘性係数テンソル D_{ijkl} は,一般に

$$D_{ijkl} = \kappa\delta_{ij}\delta_{kl} + \eta(\delta_{ik}\delta_{jl} + \delta_{il}\delta_{jk}) \qquad (i, j, k, l = 1, 2, 3) \tag{3.63}$$

と表される[4].ここで,η は**粘性率**,κ は**第二粘性率**と呼ばれて,流体の粘

性特性を規定する物質定数である.

いま，(3.63)式を(3.62)式に代入すると

$$\tau_{ij} = -p\delta_{ij} + \{\kappa\delta_{ij}\delta_{kl} + \eta(\delta_{ik}\delta_{jl} + \delta_{il}\delta_{jk})\}e_{kl}$$
$$= -p\delta_{ij} + \kappa\delta_{ij}\delta_{kk}e_{kk} + \eta\delta_{ii}\delta_{jj}e_{ij} + \eta\delta_{ii}\delta_{jj}e_{ji}$$
$$= -p\delta_{ij} + \kappa\delta_{ij}e_{kk} + \eta e_{ij} + \eta e_{ji}$$

となるから，これに(3.33)式を使えば

$$\tau_{ij} = (-p + \kappa e_{kk})\delta_{ij} + 2\eta e_{ij} \qquad (i, j = 1, 2, 3) \tag{3.64}$$

と整理される．そこで，この式から応力テンソルの対角和を求めてみよう．総和規約から $\delta_{ii} = 3$ であることと，$e_{ii} = e_{kk}$ であることに注意すれば，

$$\tau_{ii} = 3(-p + \kappa e_{kk}) + 2\eta e_{ii}$$

$$\therefore \quad \tau_{ii} = 3\left\{-p + \left(\kappa + \frac{2}{3}\eta\right)e_{ii}\right\} \tag{3.65}$$

となる．ここで，

$$\zeta = \kappa + \frac{2}{3}\eta \tag{3.66}$$

と置くと，それに掛かる $e_{ii} = \mathrm{div}\,\boldsymbol{v} = \Delta V/V$ は流体の体積歪み速度を表すので，ζ は流体の体積変化に抗して働く粘性力の効果を表すことから**体積粘性率**と呼ばれる．したがって，(3.64)式と(3.66)から κ を消去すればニュートン流体の構成方程式は，最終的に

$$\tau_{ij} = (-p + \zeta e_{kk})\delta_{ij} + 2\eta\left(e_{ij} - \frac{1}{3}e_{kk}\delta_{ij}\right) \qquad (i, j = 1, 2, 3) \tag{3.67}$$

と表される．この式から，応力テンソル τ_{ij} は圧力 p と $e_{kk} = \mathrm{div}\,\boldsymbol{v}$ の関係を通して速度 $\boldsymbol{v}$ と一意的に関係づけられていることがわかる．

さて，(3.66)式に戻って，これを(3.65)式に適用してみよう．すると，それは

$$\tau_{ii} = 3(-p + \zeta e_{ii}) \tag{3.68}$$

と表される．いま，平均圧力 $\overline{p}$ を

$$\overline{p} \equiv -\frac{1}{3}\tau_{ii} \tag{3.69}$$

---

4) 例えば，中村喜代次，森 教安：『連続体力学の基礎』，コロナ社(2003)などを参照．

で定義すると，(3.68)式から

$$\overline{p} = p - \zeta e_{ii} \tag{3.70}$$

と得られて，流体が運動すると平均圧力 $\overline{p}$ は静水圧 p より ζe_{ii} だけ低くなることがわかる．ここで，$\zeta = 0$ となる流体を考えよう．すると，この流体では $\overline{p} = p$ となって流体の体積歪み速度 $e_{ii} = \mathrm{div}\,\boldsymbol{v} = \Delta V/V$ とは無関係になる．このときの構成方程式は (3.67) 式から

$$\tau_{ij} = -\left(p + \frac{2}{3}\eta e_{kk}\right)\delta_{ij} + 2\eta e_{ij} \qquad (i, j = 1, 2, 3) \tag{3.71}$$

と得られ，これに従う流体を**ストークス流体**と呼ぶ．

また特に，非圧縮性である場合には，(2.24) 式から $e_{kk} = \mathrm{div}\,\boldsymbol{v} = 0$ であるので，(3.64) 式は

$$\tau_{ij} = -p\delta_{ij} + 2\eta e_{ij} \qquad (i, j = 1, 2, 3) \tag{3.72}$$

となって，簡単な形式に書けることになる．いま，流速が x_1 軸に平行で，かつ x_2 だけの関数になるときは $\boldsymbol{v} = (v_1(x_2), 0, 0)$ であるので，(3.72) 式から

$$\tau_{11} = \tau_{22} = \tau_{33} = -p, \qquad \tau_{23} = \tau_{32} = \tau_{31} = \tau_{13} = 0,$$
$$\tau_{12} = \tau_{21} = \eta\frac{dv_1}{dx_2}$$

となる．この第 3 式は，『接線応力が速度勾配 dv_1/dx_2 に比例する』ことを表していて，ニュートンが最初に導いた**ニュートンの摩擦法則**になっていることがわかる．

3.6 運動方程式

ここでは，連続体の動きを記述する運動方程式を導くことを考えよう．

弾性体の運動方程式

弾性体が振動したり，またその中を波動が伝播するというような場合，弾性体の動きを知るにはその運動方程式が必要になる．図 3.1 に示すように，弾性体中に表面積 S をもつ閉曲面を考え，その体積を V，密度を ρ と

しよう．いま，この閉曲面内の弾性体に働く力は，3.1節でとりあげた体積力と面積力の合力である．つまり，

$$\iiint_V \rho\, dV \boldsymbol{K} + \iint_S \boldsymbol{T}_n dS$$

と表される．ここで，dV は閉曲面内の微小体積要素を，dS はその表面の微小面積要素を表す．また，$\boldsymbol{K}$ と $\boldsymbol{T}_n$ は，それぞれ単位質量あたりの力と応力を表している．この合力の作用により弾性体には加速度が発生するが，それは弾性体の変位 $\boldsymbol{s}$ を用いて $\partial^2 \boldsymbol{s}/\partial t^2$ と表される．したがって，閉曲面内の弾性体の運動方程式は

$$\iiint_V \rho\, dV \frac{\partial^2 \boldsymbol{s}}{\partial t^2} = \iiint_V \rho\, dV \boldsymbol{K} + \iint_S \boldsymbol{T}_n dS \tag{3.73}$$

と書くことができる．

ここで，右辺の第2項は，(3.8c)式とガウスの定理(2.5)式を使えば体積積分に書き換えられて，

$$\iint_S \boldsymbol{T}_n dS = \iint_S \bar{T}\boldsymbol{n}\, dS = \iiint_V \operatorname{div} \bar{T} dV$$

となる．

しかるに，上式を(3.73)式へ代入して，体積 V は任意であることを考慮すれば，弾性体の運動方程式は

$$\rho \frac{\partial^2 \boldsymbol{s}}{\partial t^2} = \rho \boldsymbol{K} + \operatorname{div} \bar{T} \tag{3.74}$$

と書けることになる．ここで，(3.8c)式から $\bar{T} = [\boldsymbol{T}_1 \ \boldsymbol{T}_2 \ \boldsymbol{T}_3]$ であることを考慮すれば，(3.74)式の成分による表示は

$$\rho \frac{\partial^2 s_i}{\partial t^2} = \rho K_i + \frac{\partial \tau_{ij}}{\partial x_j} \qquad (i, j = 1, 2, 3) \tag{3.75}$$

となる．これが弾性体の運動方程式の一般形である．

さて，弾性体として線形弾性体を考えると，その構成方程式は(3.45)式で与えられるから，これを(3.75)式へ代入すれば

$$\rho \frac{\partial^2 s_i}{\partial t^2} = \rho K_i + \frac{\partial}{\partial x_j} (\lambda \varepsilon_{kk} \delta_{ij} + 2\mu \varepsilon_{ij}) \qquad (i, j = 1, 2, 3)$$

となる．ここで，右辺第3項は(3.15b)式を使って

$$2\frac{\partial \varepsilon_{ij}}{\partial x_j} = \frac{\partial}{\partial x_j}\left(\frac{\partial s_i}{\partial x_j} + \frac{\partial s_j}{\partial x_i}\right) = \frac{\partial^2 s_i}{\partial x_j^2} + \frac{\partial^2 s_j}{\partial x_j \partial x_i} = \frac{\partial^2 s_i}{\partial x_j^2} + \frac{\partial}{\partial x_i}\left(\frac{\partial s_j}{\partial x_j}\right)$$

$$= \frac{\partial^2 s_i}{\partial x_j^2} + \frac{\partial}{\partial x_i}\varepsilon_{kk}$$

と書き直せるので，上式は

$$\rho\frac{\partial^2 s_i}{\partial t^2} = \rho K_i + (\lambda + \mu)\frac{\partial}{\partial x_i}\varepsilon_{kk} + \mu\frac{\partial^2 s_i}{\partial x_j^2} \qquad (i, j = 1, 2, 3) \qquad (3.76a)$$

と表される．これをベクトルで書けば，

$$\rho\frac{\partial^2 \boldsymbol{s}}{\partial t^2} = \rho\boldsymbol{K} + (\lambda + \mu)\operatorname{grad}(\operatorname{div}\boldsymbol{s}) + \mu\nabla^2\boldsymbol{s} \qquad\qquad (3.76b)$$

となる．ただし，$\nabla^2 = \partial(\partial/\partial x_j)/\partial x_j = \partial^2/\partial x_j^2$ はラプラシアンであること
に注意しよう．ここに得られた(3.76)式を**ナビエの方程式**という．

　(3.76)式は，実際に応用するときには次のように変形しておくのがよい．
まず，

$$\operatorname{rot}\boldsymbol{s} = \left[\frac{\partial s_3}{\partial x_2} - \frac{\partial s_2}{\partial x_3} \quad \frac{\partial s_1}{\partial x_3} - \frac{\partial s_3}{\partial x_1} \quad \frac{\partial s_2}{\partial x_1} - \frac{\partial s_1}{\partial x_2}\right]^T \equiv [s_1^* \ s_2^* \ s_3^*]^T$$

と置くと，

$$\operatorname{rot}\operatorname{rot}\boldsymbol{s} = \begin{bmatrix} \dfrac{\partial s_3^*}{\partial x_2} - \dfrac{\partial s_2^*}{\partial x_3} \\[3mm] \dfrac{\partial s_1^*}{\partial x_3} - \dfrac{\partial s_3^*}{\partial x_1} \\[3mm] \dfrac{\partial s_2^*}{\partial x_1} - \dfrac{\partial s_1^*}{\partial x_2} \end{bmatrix} = \begin{bmatrix} \dfrac{\partial^2 s_2}{\partial x_2 \partial x_1} - \dfrac{\partial^2 s_1}{\partial x_2^2} - \dfrac{\partial^2 s_1}{\partial x_3^2} + \dfrac{\partial^2 s_3}{\partial x_3 \partial x_1} \\[3mm] \dfrac{\partial^2 s_3}{\partial x_3 \partial x_2} - \dfrac{\partial^2 s_2}{\partial x_3^2} - \dfrac{\partial^2 s_2}{\partial x_1^2} + \dfrac{\partial^2 s_1}{\partial x_1 \partial x_2} \\[3mm] \dfrac{\partial^2 s_1}{\partial x_1 \partial x_3} - \dfrac{\partial^2 s_3}{\partial x_1^2} - \dfrac{\partial^2 s_3}{\partial x_2^2} + \dfrac{\partial^2 s_2}{\partial x_2 \partial x_3} \end{bmatrix}$$

$$= \begin{bmatrix} \dfrac{\partial}{\partial x_1}\left(\dfrac{\partial s_1}{\partial x_1} + \dfrac{\partial s_2}{\partial x_2} + \dfrac{\partial s_3}{\partial x_3}\right) - \left(\dfrac{\partial^2 s_1}{\partial x_1^2} + \dfrac{\partial^2 s_1}{\partial x_2^2} + \dfrac{\partial^2 s_1}{\partial x_3^2}\right) \\[4mm] \dfrac{\partial}{\partial x_2}\left(\dfrac{\partial s_1}{\partial x_1} + \dfrac{\partial s_2}{\partial x_2} + \dfrac{\partial s_3}{\partial x_3}\right) - \left(\dfrac{\partial^2 s_2}{\partial x_1^2} + \dfrac{\partial^2 s_2}{\partial x_2^2} + \dfrac{\partial^2 s_2}{\partial x_3^2}\right) \\[4mm] \dfrac{\partial}{\partial x_3}\left(\dfrac{\partial s_1}{\partial x_1} + \dfrac{\partial s_2}{\partial x_2} + \dfrac{\partial s_3}{\partial x_3}\right) - \left(\dfrac{\partial^2 s_3}{\partial x_1^2} + \dfrac{\partial^2 s_3}{\partial x_2^2} + \dfrac{\partial^2 s_3}{\partial x_3^2}\right) \end{bmatrix}$$

第3章　連続体の変形と運動の一般的表示

$$
= \begin{bmatrix} \dfrac{\partial}{\partial x_1}(\nabla \cdot \boldsymbol{s}) - \nabla^2 s_1 \\[2mm] \dfrac{\partial}{\partial x_2}(\nabla \cdot \boldsymbol{s}) - \nabla^2 s_2 \\[2mm] \dfrac{\partial}{\partial x_3}(\nabla \cdot \boldsymbol{s}) - \nabla^2 s_3 \end{bmatrix}
$$

$$
\therefore \quad \mathrm{rot}\,\mathrm{rot}\,\boldsymbol{s} = \nabla(\nabla \cdot \boldsymbol{s}) - \nabla^2 \boldsymbol{s} \tag{3.77}
$$

となるから，この関係式を使って(3.76b)式から$\nabla^2 \boldsymbol{s}$を消去する．すると(3.76b)式は，

$$
\rho \frac{\partial^2 \boldsymbol{s}}{\partial t^2} = \rho \boldsymbol{K} + (\lambda + 2\mu)\,\mathrm{grad}(\mathrm{div}\,\boldsymbol{s}) - \mu\,\mathrm{rot}\,\mathrm{rot}\,\boldsymbol{s} \tag{3.78}
$$

と表されることになる．

流体の運動方程式

　流体中に，速度$\boldsymbol{v}$の流れとともに移動する表面積S，体積Vの閉曲面で囲まれた図3.1と同様な領域を考え，そこに運動の法則を適用する．このとき，閉曲面を通して流れ込む運動量はないので，その運動方程式は

$$
\iiint_V \rho\,dV \frac{D\boldsymbol{v}}{Dt} = \iiint_V \rho\,dV \boldsymbol{K} + \iint_s \boldsymbol{T}_n\,dS \tag{3.79}
$$

と書ける．ここで，ρは流体の密度を表す．この式で，左辺の加速度は，流れとともに移動する閉領域を観察するから，ラグランジュ微分を使用することになる．さらに，ここでも右辺第2項にガウスの定理を適用し，体積Vは任意であることを考慮すれば，流体の運動方程式は

$$
\rho \frac{D\boldsymbol{v}}{Dt} = \rho \boldsymbol{K} + \mathrm{div}\,\bar{T} \tag{3.80}
$$

と表される．ここで，(3.8c)式から$\bar{T} = [\boldsymbol{T}_1\ \boldsymbol{T}_2\ \boldsymbol{T}_3]$であることを考慮すれば，(3.80)式の成分による表示は

$$
\rho \frac{Dv_i}{Dt} = \rho K_i + \frac{\partial \tau_{ij}}{\partial x_j} \qquad (i, j = 1, 2, 3) \tag{3.81}
$$

となる．これが流体の運動方程式の一般形である．

まず完全流体の場合であるが，その構成方程式は(3.61)式で与えられる
から，これを(3.81)式に代入すると

$$\rho \frac{Dv_i}{Dt} = \rho K_i - \frac{\partial p}{\partial x_i} \qquad (i, j = 1, 2, 3) \tag{3.82a}$$

となる．したがって，これをベクトルで表示すれば

$$\rho \frac{D\boldsymbol{v}}{Dt} = \rho \boldsymbol{K} - \operatorname{grad} p \tag{3.82b}$$

と表されて，すでに 2.3 節で述べた**オイラーの方程式**(2.28)式が得られる．
これは非粘性流体の運動を解析するときの基礎方程式である．

次に，粘性をもつ実在流体としてニュートン流体を考える．その構成方
程式は(3.67)式で与えられるから，これを(3.81)式に代入すれば，

$$\rho \frac{Dv_i}{Dt} = \rho K_i + \frac{\partial}{\partial x_j} \left\{ (-p + \zeta e_{kk}) \delta_{ij} + 2\eta \left(e_{ij} - \frac{1}{3} e_{kk} \delta_{ij} \right) \right\}$$

$$(i, j = 1, 2, 3)$$

となる．ここで，右辺第 4 項は(3.31b)式を使って

$$2\frac{\partial e_{ij}}{\partial x_j} = \frac{\partial}{\partial x_j} \left(\frac{\partial v_i}{\partial x_j} + \frac{\partial v_j}{\partial x_i} \right) = \frac{\partial^2 v_i}{\partial x_j^2} + \frac{\partial^2 v_j}{\partial x_j \partial x_i} = \frac{\partial^2 v_i}{\partial x_j^2} + \frac{\partial}{\partial x_i} \left(\frac{\partial v_j}{\partial x_j} \right)$$

$$= \frac{\partial^2 v_i}{\partial x_j^2} + \frac{\partial}{\partial x_i} e_{kk}$$

と書き直せるので，上式は

$$\rho \frac{Dv_i}{Dt} = \rho K_i - \frac{\partial p}{\partial x_i} + \left(\zeta + \frac{1}{3}\eta \right) \frac{\partial}{\partial x_i} e_{kk} + \eta \frac{\partial^2 v_i}{\partial x_j^2} \qquad (i, j = 1, 2, 3)$$

$$\tag{3.83a}$$

と表される．これをベクトルで書けば，

$$\rho \frac{D\boldsymbol{v}}{Dt} = \rho \boldsymbol{K} - \operatorname{grad} p + \left(\zeta + \frac{1}{3}\eta \right) \operatorname{grad}(\operatorname{div} \boldsymbol{v}) + \eta \nabla^2 \boldsymbol{v} \tag{3.83b}$$

となる．ここに得られた(3.83)式を**ナビエ-ストークスの方程式**と呼ぶ．
(3.83)式は，粘性率 $\zeta = \eta = 0$ と置くと，完全流体の場合のオイラーの方
程式に帰着することは明らかであろう．

また，非圧縮性である場合には，(2.24)式 $\operatorname{div} \boldsymbol{v} = 0$ が成り立つので，

（3.83b）式は

$$\rho \frac{D\boldsymbol{v}}{Dt} = \rho \boldsymbol{K} - \operatorname{grad} p + \eta \nabla^2 \boldsymbol{v} \tag{3.84a}$$

あるいはラグランジュ微分（2.3b）式を使って，

$$\frac{\partial \boldsymbol{v}}{\partial t} + (\boldsymbol{v} \cdot \nabla) \boldsymbol{v} = \boldsymbol{K} - \frac{1}{\rho} \operatorname{grad} p + \nu \nabla^2 \boldsymbol{v} \tag{3.84b}$$

と表される．ここに，$\nu \equiv \eta/\rho$ は**動粘性率**である．ところで（3.84b）式の各項の呼称であるが，左辺第1項を**非定常項**，第2項を**対流項**と呼び，この二項をあわせて**慣性項**ということもある．さらに，右辺第1項は**外力項**，第2項は**圧力項**，第3項は**粘性項**と呼ばれる．

　もし，外力 $\boldsymbol{K}$ がポテンシャル Ω をもつ場合には

$$\boldsymbol{K} = -\nabla \Omega \tag{3.85}$$

の関係があるので，これを（3.84）式に代入し，**修正圧力** p^* を

$$p^* = p + \rho \Omega \tag{3.86}$$

で定義すると，（3.84）式は

$$\frac{\partial \boldsymbol{v}}{\partial t} + (\boldsymbol{v} \cdot \nabla) \boldsymbol{v} = -\frac{1}{\rho} \operatorname{grad} p^* + \nu \nabla^2 \boldsymbol{v} \tag{3.87}$$

と表すことができ，見かけ上外力を無視した流れとして解析することができる．

演習問題

1. 4階の等方テンソル C_{ijkl} は，一般に

$$C_{ijkl} = \lambda\delta_{ij}\delta_{kl} + \mu(\delta_{ik}\delta_{jl} + \delta_{il}\delta_{jk}) + \nu(\delta_{ik}\delta_{jl} - \delta_{il}\delta_{jk})$$
$$(i, j, k, l = 1, 2, 3) \qquad\qquad\qquad (\text{i})$$

   と表される．ここに，λ, μ, ν は任意定数で，δ_{ij} 等はクロネッカーのデルタである．特に，C_{ijkl} が対称性をもつとき，（i）式は

$$C_{ijkl} = \lambda\delta_{ij}\delta_{kl} + \mu(\delta_{ik}\delta_{jl} + \delta_{il}\delta_{jk}) \qquad (i, j, k, l = 1, 2, 3) \qquad (\text{ii})$$

   と表されることを示せ（本文中の(3.43)式）．

2. 3.5節で示した等方性線形弾性体の構成方程式，つまり一般化されたフックの法則(3.45)式を，1.3節で述べた線形弾性論の観点より導け．

3. 半径 a の円管内を静水圧 p，粘性率 η の非圧縮性ストークス流体が圧力勾配 α で流れている．円管の中心軸に沿って流れの向きに x_1 軸を，それと垂直な面内に x_2 軸，x_3 軸をとるとき，流れの速度成分は

$$v_1 = \frac{\alpha}{4\eta}(a^2 - x_2^2 - x_3^2), \qquad v_2 = v_3 = 0$$

   である．この流れの場の応力 τ_{ij} $(i, j = 1, 2, 3)$ は

$$\tau_{11} = \tau_{22} = \tau_{33} = -p, \qquad \tau_{12} = -\frac{\alpha}{2}x_2, \qquad \tau_{13} = -\frac{\alpha}{2}x_3,$$

$$\tau_{23} = 0$$

   であることを示せ．

第4章

弾性体の振動と波動

4.1 弾性波

　一般に，弾性体中に何らかの原因で生じた応力や歪みの状態が波動として伝播するとき，これを**弾性波**と呼ぶ．ここでは，無限に広がる等方性線形弾性体中を伝わる弾性波を考えるが，このとき弾性体中の内部摩擦に伴う発熱による温度変化は無視し，さらに外力 K も作用しないとする．いま，弾性体中にわずかな変形が生じたとしよう[1]．このときの弾性体中の一点における運動方程式は，(3.76)式から

$$\rho\frac{\partial^2 s}{\partial t^2} = (\lambda+\mu)\operatorname{grad}(\operatorname{div} s)+\mu\nabla^2 s \tag{4.1}$$

と書ける．

　ここで，変位ベクトル s によるベクトル場に対して『任意のベクトル場は，"発散ありで回転なしの場" と "発散なしで回転ありの場" の和に分解できる』という**ヘルムホルツの定理**[2]を適用してみよう．このとき，ベクトル解析から $\operatorname{div}\operatorname{grad} = \nabla\cdot\nabla = \nabla^2$ であることに注意して(4.1)式の両辺に演算 div を施すと，

$$\operatorname{div}\rho\frac{\partial^2 s}{\partial t^2} = \operatorname{div}\operatorname{grad}(\operatorname{div} s)+\operatorname{div}\mu\nabla^2 s$$

$$\therefore\quad \frac{\partial^2}{\partial t^2}(\operatorname{div} s) = \frac{\lambda+2\mu}{\rho}\nabla^2(\operatorname{div} s) \tag{4.2}$$

となる．(4.2)式は波動方程式の形式になっており，$\operatorname{div} s$ が速さ

$$c_l = \sqrt{\frac{\lambda+2\mu}{\rho}} \tag{4.3}$$

---

1) 例えば，地球は弾性体と考えることができるが，その内部に生じた地殻変動などを想定している．
2) 安達忠次：『ベクトル解析(改訂版)』，培風館(1961) pp.160〜161 などを参照．

103

で伝わることが示される．ここで div s であるが，(3.26)式に見るように
弾性体の体積変化の割合を表すので，つまり弾性体の密度変化が波動とし
て伝わることを意味することから，**膨張波**と呼ばれる．

次に，(4.1)式の両辺に演算 rot を行ってみよう．すると

$$\mathrm{rot}\,\rho\frac{\partial^2 s}{\partial t^2} = (\lambda+\mu)\,\mathrm{rot}\,\mathrm{grad}(\mathrm{div}\,s) + \mathrm{rot}\,\mu\nabla^2 s$$

となるが，ベクトル解析から rot grad $= \nabla\times\nabla = \mathbf{0}$ であるから，上式は

$$\frac{\partial^2}{\partial t^2}(\mathrm{rot}\,s) = \frac{\mu}{\rho}\nabla^2(\mathrm{rot}\,s) \tag{4.4}$$

となって，やはり波動方程式になる．rot s は，(3.24)式より変位ベクトル
s の回転を表すから，それが波動として伝わるので**回転波**と呼ばれる．そ
の伝播する速さは

$$c_t = \sqrt{\frac{\mu}{\rho}} \tag{4.5}$$

である．このように，等方性線形弾性体中には，二つの波が同時に存在す
ることがわかる．

縦波と横波

次に，これらの波の種類を特定してみよう．簡単のために波を平面波と
し，直交座標 (x_1, x_2, x_3) に対して，平面波は x_1 軸の向きに進行するものと
する．このように仮定すると，変位 $s = (s_1, s_2, s_3)$ は x_1 と t のみの関数と
なり，かつ $\partial/\partial x_2 = \partial/\partial x_3 = 0$ であるから，(4.1)式の成分表示は，(4.3)式
および(4.5)式を考慮して

$$\frac{\partial^2 s_1}{\partial t^2} = c_l\frac{\partial^2 s_1}{\partial x_1^2}, \quad \frac{\partial^2 s_2}{\partial t^2} = c_t\frac{\partial^2 s_2}{\partial x_1^2}, \quad \frac{\partial^2 s_3}{\partial t^2} = c_t\frac{\partial^2 s_3}{\partial x_1^2} \tag{4.6}$$

となる．この第1式から弾性体の変位方向 s_1 と波の伝播方向が同じであ
ることが示され**縦波**であることが，また第2，第3式から変位方向 s_2, s_3 は
波の伝播方向と垂直であることが示されて**横波**であることがわかる．つま
り，(4.3)式は縦波の，また(4.5)式は横波の伝わる速さを表している．

さらに，(4.3)式と(4.5)式を比較すると，(1.17)式と(3.53)式から

$$\frac{c_l}{c_t} = \sqrt{\frac{\lambda + 2\mu}{\mu}} = \sqrt{\frac{2(1-\sigma)}{1-2\sigma}} > 1$$

$$\therefore \quad c_l > c_t \tag{4.7}$$

であることもわかる．つまり，縦波が横波より速く伝わるのである．これは例えば，地震波のときの最初にとどく P 波（縦波）と，その後の S 波（横波）の関係に対応していることから理解される．

また，(4.3)式から縦波は気体，液体，固体のいずれの中でも伝わることができるが，(4.5)式より横波は $\mu = 0$ となる気体や液体の中では伝播しないことがわかる．

レイリー波

弾性体の表面（正確には境界面）付近では，その内部へほとんど浸透せずに表面にのみ沿って伝播する弾性波が存在し，それを**表面波**と呼ぶ．表面波には，表面の動きが波の進行方向を含む表面に垂直な面内で楕円運動をする**レイリー波**と，波の進行方向に垂直で，しかも表面内で振動する**ラブ波**とがある．ここでは運動方程式(4.1)式からレイリー波の解を導き出し，その特性について考察してみよう．

図4.1に示すように，$x_1 x_2$ 平面を境界面とする半無限弾性体を考え，x_3 軸を境界面から深さ方向にとる．このとき，弾性体は $x_3 > 0$ の領域を占め，またレイリー波は x_1 軸の正の向きに伝わるものとしよう．上に述べたように，変位ベクトル s の波動には膨張波成分 s_l と回転波成分 s_t があり，s はこれらの和で表されるから，

$$s = s_l + s_t \tag{4.8}$$

と書ける．また，各ベクトルの性質から

$$\mathrm{rot}\, s_l = \mathbf{0}, \qquad \mathrm{div}\, s_t = 0 \tag{4.9}$$

である．このとき，(4.8)式を(4.2)式と(4.4)式に代入し，さらに(4.3)式，(4.5)式，および(4.9)式を使えば

105

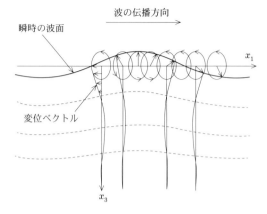

図 4.1 レイリー波

$$\frac{\partial^2}{\partial t^2}(\mathrm{div}\,\boldsymbol{s}_l) = c_l^2 \nabla^2 (\mathrm{div}\,\boldsymbol{s}_l)$$

$$\therefore\quad \mathrm{div}\left(\frac{\partial^2 \boldsymbol{s}_l}{\partial t^2} - c_l^2 \nabla^2 \boldsymbol{s}_l\right) = 0 \tag{4.10}$$

$$\frac{\partial^2}{\partial t^2}(\mathrm{rot}\,\boldsymbol{s}_t) = c_t^2 \nabla^2 (\mathrm{rot}\,\boldsymbol{s}_t)$$

$$\therefore\quad \mathrm{rot}\left(\frac{\partial^2 \boldsymbol{s}_t}{\partial t^2} - c_t^2 \nabla^2 \boldsymbol{s}_t\right) = \boldsymbol{0} \tag{4.11}$$

が得られる．ここで，(4.10)式と(4.11)式の括弧内の式にそれぞれ rot と div を施せば(4.9)式より **0** になるから，括弧内の式は **0** ということである．さらに，括弧内の式は同形式でもあるので，添え字をはずして一つにまとめて書くことにすると

$$\frac{\partial^2 \boldsymbol{s}}{\partial t^2} - c^2 \nabla^2 \boldsymbol{s} = \boldsymbol{0} \tag{4.12}$$

と表される．

いま，波動方程式(4.12)式の解として

$$\boldsymbol{s} = \boldsymbol{A} f(x_3) e^{i(kx_1 - \omega t)} \tag{4.13}$$

を仮定しよう．ここで，$\boldsymbol{A} = (A_1, A_2, A_3)$ は定数ベクトル，i は虚数単位，k と ω はそれぞれレイリー波の波数と角振動数を表す．(4.13)式を(4.12)式に代入すると

$$\frac{d^2 f(x_3)}{dx_3^2} = \left(k^2 - \frac{\omega^2}{c^2}\right) f(x_3) \tag{4.14}$$

が得られるが，$k^2 - \omega^2/c^2 < 0$ ならば $f(x_3)$ は x_3 の三角関数となり，波は弾性体の内部まで達することになって，レイリー波の特性に矛盾する．したがって，$k^2 - \omega^2/c^2 > 0$ である．レイリー波の伝わる速さを c_r とすると $c_r = \omega/k$ であるから，この条件は

$$k^2\left(1 - \frac{\omega^2}{k^2 c^2}\right) = k^2\left(1 - \frac{c_r^2}{c^2}\right) > 0$$

と書けて，ここから

$$c_r < c \tag{4.15}$$

であることがわかる．つまり，レイリー波の伝わる速さは膨張波や回転波の伝播する速さより遅いことがわかる．このとき，(4.14)式の解は

$$f(x_3) = e^{\pm K x_3}, \qquad K = \sqrt{k^2 - \frac{\omega^2}{c^2}} \tag{4.16}$$

となる．ここで，$\pm$ の符号の選び方であるが，$x_3 \to \infty$ のとき正の符号では $f(x_3) \to \infty$ となってレイリー波の要請に反するから，負の符号を採用することになる．よって，(4.13)式は

$$\boldsymbol{s} = \boldsymbol{A} e^{\{-K x_3 + i(k x_1 - \omega t)\}} \tag{4.17}$$

と表される．ここから，レイリー波の振幅は，弾性体の表面から深くなるにつれて指数関数的に減少することが示される．ここでの $\boldsymbol{s}$ は $\boldsymbol{s}_l$ と $\boldsymbol{s}_t$ を代表していることを思い起こすと，これらの具体的な表示は

$$\text{膨張波：}\quad \boldsymbol{s}_l = \boldsymbol{A}_l e^{\{-K_l x_3 + i(k x_1 - \omega t)\}}, \qquad K_l = \sqrt{k^2 - \frac{\omega^2}{c_l^2}} \tag{4.18}$$

$$\text{回転波：}\quad \boldsymbol{s}_t = \boldsymbol{A}_t e^{\{-K_t x_3 + i(k x_1 - \omega t)\}}, \qquad K_t = \sqrt{k^2 - \frac{\omega^2}{c_t^2}} \tag{4.19}$$

となる．ただし，$\boldsymbol{A}_l = (A_{l1}, A_{l2}, A_{l3})$，$\boldsymbol{A}_t = (A_{t1}, A_{t2}, A_{t3})$ は定数ベクトル

である.

レイリー波の速さ

次に，半無限弾性体の表面に応力の作用がないとするとき，レイリー波の伝播する速さを求めてみよう．このときの表面での条件は応力テンソル $T_n = 0$ ということであるから，(3.8e)式に等方性線形弾性体の構成方程式 (3.45)式を代入して，

$$\tau_{ij}n_j = \lambda\varepsilon_{kk}n_i + 2\mu\varepsilon_{ij}n_j = 0 \tag{4.20}$$

が得られる．ここで，$n = (0,0,1)$，$\partial s/\partial x_2 = 0$ であることに注意すると，(4.20)式は

$$\tau_{13} = 2\mu\varepsilon_{13}n_3 = \mu\left(\frac{\partial s_1}{\partial x_3} + \frac{\partial s_3}{\partial x_1}\right) = 0$$

$$\therefore \quad \frac{\partial s_1}{\partial x_3} + \frac{\partial s_3}{\partial x_1} = 0 \tag{4.21a}$$

$$\tau_{23} = 2\mu\varepsilon_{23}n_3 = \mu\frac{\partial s_2}{\partial x_3} = 0$$

$$\therefore \quad \frac{\partial s_2}{\partial x_3} = 0 \tag{4.21b}$$

$$\tau_{33} = \lambda(\varepsilon_{11}+\varepsilon_{33})n_3 + 2\mu\varepsilon_{33}n_3 = \lambda\frac{\partial s_1}{\partial x_1} + (\lambda+2\mu)\frac{\partial s_3}{\partial x_3} = 0$$

と書けることになる．ここで最後の式は，(4.3)式および(4.5)式から得られる $\mu = \rho c_t^2$，$\lambda = \rho(c_l^2 - 2c_t^2)$ を使って，

$$(c_l^2 - 2c_t^2)\frac{\partial s_1}{\partial x_1} + c_l^2\frac{\partial s_3}{\partial x_3} = 0 \tag{4.21c}$$

と表される.

まず，(4.17)式を成分で書いてみると

$$s_1 = A_1 e^{\{-Kx_3 + i(kx_1 - \omega t)\}} \tag{4.22a}$$

$$s_2 = A_2 e^{\{-Kx_3 + i(kx_1 - \omega t)\}} \tag{4.22b}$$

$$s_3 = A_3 e^{\{-Kx_3 + i(kx_1 - \omega t)\}} \tag{4.22c}$$

となる．そこで，(4.21b)式に(4.22b)式を代入すれば

$$0 = \frac{\partial s_2}{\partial x_3} = -A_2 K e^{\{-Kx_3 + i(kx_1 - \omega t)\}}$$

となるから，$K \neq 0$，表面 $(x_3 = 0)$ 付近で $e^{\{-Kx_3 + i(kx_1 - \omega t)\}} \neq 0$ であること
を考慮すると $A_2 = 0$．すなわち，$s_2 = 0$ となって，変位 $\boldsymbol{s}$ の 2 成分 s_1, s_3 に
ついてのみ検討すればよいことになる．このことを踏まえて，(4.18)式と
(4.19)式をそれぞれ(4.9)式の第 1 式，第 2 式へ代入し，定数 $A_{l1}, A_{l3}, A_{t1},$
A_{t3} と k, K_l, K_t の関係を求めてみよう．

そこで，$\partial \boldsymbol{s}_l / \partial x_2 = \boldsymbol{0}$ を考慮して $\mathrm{rot}\,\boldsymbol{s}_l = \boldsymbol{0}$ の条件を成分で書くと

$$\frac{\partial s_{l1}}{\partial x_3} - \frac{\partial s_{l3}}{\partial x_1} = 0 \tag{4.23}$$

となる．これに(4.18)式を代入すれば

$$K_l A_{l1} + ik A_{l3} = 0 \tag{4.24}$$

が得られる．いま，a を定数として $A_{l1} = ka$ と置くと(4.24)式から $A_{l3} = iK_l a$ となるので，(4.18)式を成分で書けば

$$s_{l1} = kae^{\{-K_l x_3 + i(kx_1 - \omega t)\}}, \qquad s_{l3} = iK_l ae^{\{-K_l x_3 + i(kx_1 - \omega t)\}} \tag{4.25}$$

となる．

また，条件 $\mathrm{div}\,\boldsymbol{s}_t = 0$ を成分で書くと

$$\frac{\partial s_{t1}}{\partial x_1} + \frac{\partial s_{t3}}{\partial x_3} = 0 \tag{4.26}$$

となるから，これに(4.19)式を代入すれば

$$ikA_{t1} - K_t A_{t3} = 0 \tag{4.27}$$

を得る．したがって，b を定数として $A_{t1} = K_t b$ と置けば(4.27)式から $A_{t3} = ikb$ と求まるので，(4.19)式を成分で書けば

$$s_{t1} = K_t be^{\{-K_t x_3 + i(kx_1 - \omega t)\}}, \qquad s_{t3} = ikbe^{\{-K_t x_3 + i(kx_1 - \omega t)\}} \tag{4.28}$$

と表される．

こうして求められた(4.25)式および(4.28)式は境界条件(4.21b)式を満
足しているが，他の 2 条件(4.21a)式と(4.21c)式も満たしていなければな
らない．そこで，$s_1 = s_{l1} + s_{t1}$，$s_3 = s_{l3} + s_{t3}$ として(4.25)式および(4.28)式
を(4.21a)式と(4.21c)式に代入すると，それぞれ

$$\left.\begin{array}{l} 2kK_t a + (K_t^2 + k^2)b = 0 \\ \{c_t^2(K_t^2 - k^2) + 2c_t^2 k^2\}a + 2c_t^2 kK_t b = 0 \end{array}\right\} \tag{4.29}$$

となる．ここで，(4.18)式と(4.19)式から

$$-\omega^2 = c_l^2(K_l^2 - k^2) = c_t^2(K_t^2 - k^2) \tag{4.30}$$

であることを使うと，(4.29)式の第2式は

$$\{c_t^2(K_t^2 - k^2) + 2c_t^2 k^2\}a + 2c_t^2 kK_t b = 0$$

$$\therefore \quad (K_t^2 + k^2)a + 2kK_t b = 0 \tag{4.31}$$

となる．したがって，未知定数 a, b が0以外の値をもつためには，(4.29)式の第1式と(4.31)式を連立方程式とするときの係数行列式が0であればよいので，

$$0 = \begin{vmatrix} 2kK_t & K_t^2 + k \\ K_t^2 + k & 2kK_t \end{vmatrix} = 4k^2 K_t K_t - (K_t^2 + k^2)^2$$

$$\therefore \quad (K_t^2 + k^2)^2 = 4k^2 K_l K_t$$

が得られる．この両辺を平方し(4.30)式を使って K_l, K_t を消去すれば

$$\left(2k^2 - \frac{\omega^2}{c_t^2}\right)^4 = 16k^4\left(k^2 - \frac{\omega^2}{c_l^2}\right)\left(k^2 - \frac{\omega^2}{c_t^2}\right) \tag{4.32}$$

となり，レイリー波の波数 k と角振動数 ω の関係を与える式が得られる．ここで，レイリー波の速さ c_r と回転波の速さ c_t の比を ξ で定義すると，レイリー波の速さは

$$c_r = \frac{\omega}{k} = c_t \xi \tag{4.33}$$

と表されるから，(4.32)式は

$$(2 - \xi^2)^4 = 16\left(1 - \frac{c_t^2}{c_l^2}\xi^2\right)(1 - \xi^2)$$

$$\therefore \quad \xi^6 - 8\xi^4 + 8\left(3 - 2\frac{c_t^2}{c_l^2}\right)\xi^2 - 16\left(1 - \frac{c_t^2}{c_l^2}\right) = 0 \tag{4.34}$$

と整理されて，これを**レイリーの方程式**という．つまり，レイリー波の速さ c_r を与える ξ の値は，個々の弾性体に特有な c_t/c_l の値から決まることがわかるが，さらに(4.7)式から

$$\frac{c_t^2}{c_l^2} = \frac{1-2\sigma}{2(1-\sigma)} \qquad (4.35)$$

であるので，結局は個々の弾性体のポアソン比 σ によって定まることになる．図 4.2 は σ の値に対する ξ の値を示したものであるが，$0 < \sigma < 0.5$ の範囲では $0.874 < \xi < 0.955$ の値をもつことがわかり，ここからレイリー波の速さ c_r は回転波（横波）のそれよりもわずかに遅いことが読みとれる．身近なレイリー波は地震にともなって発生し，長時間にわたり地表面を伝播することが知られている．

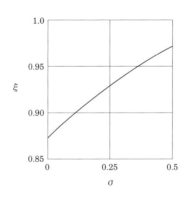

図 4.2 レイリー波の速さ

4.2 棒の縦振動と波動

前節では無限に広がる弾性体の中と半無限弾性体の表面を伝播する弾性波を考察したが，ここでは棒状弾性体に生じる縦振動とその内部を伝わる波動の問題を考えよう．

図 4.3 に示すように，長さ l の細長い棒を，その一端を天井に固定し，他端を自由端として，その長さ方向にこするなどして縦振動を発生させる．このとき，固定端を原点として棒の長さ方向に x_1 軸を，それに垂直に x_2, x_3 軸をとるものとすると，棒状弾性体中の各要素（連続体粒子）の変位は x_1 軸方向のみで，x_2, x_3 軸方向には短い棒や高次の振動以外ではほぼ無視で

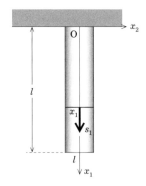

図 4.3 棒の縦振動

きるほどになる．つまり，$\boldsymbol{s} = (s_1, 0, 0)$，$\sigma \cong 0$ である．また，外力は振動開始後作用しないとして $\boldsymbol{K} = \boldsymbol{0}$ とし，重力は無視する．すると，s_1 は x_1 と t の関数，つまり $s_1(x_1, t)$ であることから div $\boldsymbol{s} = \partial s_1/\partial x_1$ となるので

$$\mathrm{grad}(\mathrm{div}\,\boldsymbol{s}) = \begin{bmatrix} \dfrac{\partial^2 s_1}{\partial x_1^2} \\ \dfrac{\partial^2 s_1}{\partial x_2 \partial x_1} \\ \dfrac{\partial^2 s_1}{\partial x_3 \partial x_1} \end{bmatrix} = \begin{bmatrix} \dfrac{\partial^2 s_1}{\partial x_1^2} \\ 0 \\ 0 \end{bmatrix}$$

$$\mathrm{rot}\,\mathrm{rot}\,\boldsymbol{s} = \begin{bmatrix} -\dfrac{\partial^2 s_1}{\partial x_2^2} - \dfrac{\partial^2 s_1}{\partial x_3^2} \\ \dfrac{\partial^2 s_1}{\partial x_1 \partial x_2} \\ \dfrac{\partial^2 s_1}{\partial x_1 \partial x_3} \end{bmatrix} = \begin{bmatrix} 0 \\ 0 \\ 0 \end{bmatrix} = \boldsymbol{0}$$

である．さらに，(3.53)式で $\sigma \cong 0$ と置くと $\lambda = 0$，$\mu = E/2$ (E：ヤング率)を得るので，これらを(3.78)式へ代入すれば，弾性体中の各要素の運動方程式は

$$\frac{\partial^2 s_1}{\partial t^2} = c^2 \frac{\partial^2 s_1}{\partial x_1^2} \tag{4.36}$$

と表される. ここで,

$$c = \sqrt{\frac{E}{\rho}} \tag{4.37}$$

であるが, (4.36)式は波動方程式であるので, (4.37)式は縦振動の伝播する速さを表していることがわかる.

次に, (4.36)式を解くことを考えよう. s_1 は x_1 と t の関数であるが, それは t の関数 $f(t)$ と x_1 の関数 $g(x_1)$ の積からなるものとすると

$$s_1(x_1, t) = f(t)g(x_1) \tag{4.38}$$

と表されるから, これより

$$\frac{\partial^2 s_1}{\partial t^2} = g(x_1)\frac{d^2 f(t)}{dt^2}, \qquad \frac{\partial^2 s_1}{\partial x_1^2} = f(t)\frac{d^2 g(x_1)}{dx_1^2}$$

を得る. そこで, これら二式を(4.36)式に代入すれば

$$g(x_1)\frac{d^2 f(t)}{dt^2} = c^2 f(t)\frac{d^2 g(x_1)}{dx_1^2}$$

となり, これを変数分離すれば

$$\frac{1}{f(t)}\frac{d^2 f(t)}{dt^2} = \frac{c^2}{g(x_1)}\frac{d^2 g(x_1)}{dx_1^2}$$

のようになる. この式は等号を挟んで左辺は t だけの関数, 右辺は x_1 のみの関数となり, ともに等しいためにはある一定値 $-\omega^2$ に等しくなければならない[3]. このとき, 上式は

$$\frac{d^2 f(t)}{dt^2} = -\omega^2 f(t) \tag{4.39}$$

$$\frac{d^2 g(x_1)}{dx_1^2} = -\frac{\omega^2}{c^2}g(x_1) \tag{4.40}$$

の二式に分離される. これらはいずれも調和振動の微分方程式であるから, それらの一般解は

$$f(t) = C_1 \cos \omega t + C_2 \sin \omega t \tag{4.41}$$

$$g(x_1) = C_3 \cos \frac{\omega}{c}x_1 + C_4 \sin \frac{\omega}{c}x_1 \tag{4.42}$$

と表される. ここで, C_1, C_2, C_3, C_4 は任意定数である. したがって, (4.36)

---

3) 負の符号が付くのは, 周期解を考えていることによる. 例えば, E. クライツィグ(田島一郎, 近藤次郎共訳):『偏微分方程式と複素関数論』(技術者のための高等数学 3), 培風館(1965)を参照.

式の一つの解は(4.41)式と(4.42)式を(4.38)式に代入して

$$s_1(x_1, t) = (C_1 \cos \omega t + C_2 \sin \omega t)\left(C_3 \cos \frac{\omega}{c}x_1 + C_4 \sin \frac{\omega}{c}x_1\right) \quad (4.43)$$

のようになる.

　さて，具体的な解を求めるのであるが，それには境界条件が必要で，図4.3の場合には

　　　固定端：　変位が 0 から　$s_1(0, t) = 0$

　　　自由端：　応力が 0 から　$\tau_{11} = E\varepsilon_{11} = E\dfrac{\partial s_1(l, t)}{\partial x_1} = 0$

である．これらを(4.43)式に適用すると，固定端の条件から

$$s_1(0, t) = (C_1 \cos \omega t + C_2 \sin \omega t)C_3 = 0$$

$$\therefore \quad C_3 = 0 \qquad\qquad\qquad\qquad (4.44)$$

を得る．さらに，自由端では

$$\frac{\partial s_1(l, t)}{\partial x_1} = (C_1 \cos \omega t + C_2 \sin \omega t)C_4 \frac{\omega}{c} \cos \frac{\omega}{c}l = 0$$

$$\therefore \quad C_4 \frac{\omega}{c} \cos \frac{\omega}{c}l = 0$$

となるから，この縦振動の固有角振動数を $\omega = \omega_n$（n 次の固有振動）とすれば

$$\frac{\omega_n}{c}l = \frac{(2n-1)\pi}{2} \qquad (n = 1, 2, 3, \cdots),$$

つまり，(4.37)式を考慮して

$$\omega_n = \frac{(2n-1)\pi}{2l}c = \frac{(2n-1)\pi}{2l}\sqrt{\frac{E}{\rho}} \qquad (n = 1, 2, 3, \cdots) \qquad (4.45)$$

となる．したがって，この縦振動の一般解は，$C_4 = 1^{4)}$ と(4.44)式，(4.45)式を(4.43)式に代入し，さらに解の重ね合わせも成り立つことを考慮して

$$s_1(x_1, t) = \sum_{n=1}^{\infty} \sin \frac{(2n-1)\pi}{2l}x_1(C_{1n} \cos \omega_n t + C_{2n} \sin \omega_n t) \qquad (4.46)$$

と得られる．ここで，任意定数 C_{1n}, C_{2n} は，初期条件から定められる.

　いま，初期条件として $s_1(x_1, 0) = s_0(x_1)$，$[\partial s_1(x_1, t)/\partial t]_{t=0} = v_0(x_1)$ が与

えられているとしよう．すると(4.46)式から

$$s_1(x_1, 0) = s_0(x_1) = \sum_{n=1}^{\infty} C_{1n} \sin \frac{(2n-1)\pi}{2l} x_1$$

を得るが，これは $s_0(x_1)$ をフーリェ級数に展開したものに他ならない．したがって，ここからフーリェ係数 C_{1n} を求めるには三角関数が直交関数である性質を利用する．すなわち，上式の両辺に $\sin\{(2m-1)\pi/(2l)\}x_1$（$m$ は正の整数）を掛けて，1周期にわたって積分するのである．つまり，

$$\int_0^l s_0(x_1) \sin \frac{(2m-1)\pi}{2l} x_1 \, dx_1$$

$$= \int_0^l \sum_{n=1}^{\infty} C_{1n} \sin \frac{(2n-1)\pi}{2l} x_1 \sin \frac{(2m-1)\pi}{2l} x_1 \, dx_1$$

となるが，この式の右辺は項別に積分すると $n \neq m$ ときはすべて 0 になり，$n = m$ の場合だけが残るから，

$$\int_0^l s_0(x_1) \sin \frac{(2m-1)\pi}{2l} x_1 \, dx_1 = \int_0^l C_{1m} \sin^2 \frac{(2m-1)\pi}{2l} x_1 \, dx_1$$

$$= C_{1m} \int_0^l \frac{1}{2} \left\{ 1 - \cos \frac{(2m-1)\pi}{l} x_1 \right\} dx_1$$

$$= \frac{C_{1m}}{2} \left[x_1 - \frac{l}{(2m-1)\pi} \sin \frac{(2m-1)\pi}{l} x_1 \right]_0^l$$

$$= \frac{C_{1m}}{2} l$$

となる．したがって，これより m を n に書き換えて

$$C_{1n} = \frac{2}{l} \int_0^l s_0(x_1) \sin \frac{(2n-1)\pi}{2l} x_1 \, dx_1 \tag{4.47}$$

と求められる．

また，第 2 の条件は(4.46)式から

$$\left[\frac{\partial s_1(x_1, t)}{\partial t} \right]_{t=0} = v_0(x_1) = \sum_{n=1}^{\infty} C_{2n} \omega_n \sin \frac{(2n-1)\pi}{2l} x_1$$

となるので，同様にしてフーリェ係数 C_{2n} を求めると

$$C_{2n} = \frac{2}{\omega_n l} \int_0^l v_0(x_1) \sin \frac{(2n-1)\pi}{2l} x_1 \, dx_1 \tag{4.48}$$

---

4) C_4 の値は任意で良いので，このように置く．

と得られる.

しかるに, (4.36)式の一般解は(4.47)式および(4.48)式を(4.46)式に代入することにより得られて,

$$s_1(x_1, t) = \sum_{n=1}^{\infty} \sin \frac{(2n-1)\pi}{2l} x_1 \left\{ \frac{2}{l} \int_0^l s_0(x_1) \sin \frac{(2n-1)\pi}{2l} x_1 \, dx_1 \cos \omega_n t \right.$$
$$\left. + \frac{2}{\omega_n l} \int_0^l v_0(x_1) \sin \frac{(2n-1)\pi}{2l} x_1 \, dx_1 \sin \omega_n t \right\}$$

$$(4.49)$$

となる.

この縦振動が, 棒の自由端に一定の静荷重が加えられ一様に伸びている状態にあるとき, 突然その荷重が取り去られたことにより発生したとしよう. 静荷重による歪みを ε とすると, このときの初期条件は $s_0(x_1) = \varepsilon x_1$, $v_0 = 0$ であるから, これらを(4.49)式に代入すれば

$$s_1(x_1, t) = \sum_{n=1}^{\infty} \sin \frac{(2n-1)\pi}{2l} x_1 \frac{2\varepsilon}{l} \int_0^l x_1 \sin \frac{(2n-1)\pi}{2l} x_1 \, dx_1 \cos \omega_n t$$
$$= \frac{8\varepsilon l}{\pi^2} \sum_{n=1}^{\infty} \frac{(-1)^{n-1}}{(2n-1)^2} \sin \frac{(2n-1)\pi}{2l} x_1 \cos \omega_n t$$
$$= \frac{8\varepsilon l}{\pi^2} \left(\sin \frac{\pi}{2l} x_1 \cos \omega_1 t - \frac{1}{9} \sin \frac{3\pi}{2l} x_1 \cos \omega_2 t \right.$$
$$\left. + \frac{1}{25} \sin \frac{5\pi}{2l} x_1 \cos \omega_3 t - \cdots \right) \quad (4.50)$$

となって, 任意の時刻 t における位置 x_1 での縦変位 $s_1(x_1, t)$ が得られる. これより, 位置 x_1 の断面に働く応力 $\tau_{11}(x_1, t)$ は, (4.50)式から

$$\tau_{11}(x_1, t) = E \frac{\partial s_1(x_1, t)}{\partial x_1}$$
$$= \frac{4\varepsilon E}{\pi} \left(\cos \frac{\pi}{2l} x_1 \cos \omega_1 t - \frac{1}{3} \cos \frac{3\pi}{2l} x_1 \cos \omega_2 t \right.$$
$$\left. + \frac{1}{5} \cos \frac{5\pi}{2l} x_1 \cos \omega_3 t - \cdots \right)$$

$$(4.51)$$

となる.

第 4 章　弾性体の振動と波動

したがって，自由端での変位は(4.50)式より

$$s_1(l, t) = \frac{8\varepsilon l}{\pi^2}\left(\cos \omega_1 t + \frac{1}{9}\cos \omega_2 t + \frac{1}{25}\cos \omega_3 t + \cdots\right) \tag{4.52}$$

となり，また固定端での応力は(4.51)式から

$$\tau_{11}(0, t) = \frac{4\varepsilon E}{\pi}\left(\cos \omega_1 t - \frac{1}{3}\cos \omega_2 t + \frac{1}{5}\cos \omega_3 t - \cdots\right) \tag{4.53}$$

と求まる.

4.3 矩形膜の振動と波動

膜の形にはいろいろなものがあるが，ここでは比較的容易に解析できる矩形膜を考察しよう.

膜の波動方程式

膜はいたるところ面密度(単位面積当たりの膜の質量)ρ の均質膜を考え，一平面内にある変形しない矩形枠に張られているものとする. このとき，振動による膜の変位はわずかであるとして，それによる張力の変化は無視し，膜に生じる単位長さ当たりの張力を S とする. また，つりあいの状態にあるときの膜の表面を $x_1 x_2$ 面として，膜の各部の変位を x_3 で表す直交座標を導入すれば，x_3 は x_1, x_2 および時間 t の関数になる.

いま，図 4.4 のように膜の微小な矩形部分 ABCD に注目すると，座標 x_1 の縁 AD での張力 $S\Delta x_2$ の x_3 成分は，図から

$$-S\Delta x_2 \sin \alpha \cong -S\Delta x_2 \tan \alpha = -S\Delta x_2 \frac{\partial x_3(x_1, t)}{\partial x_1}$$

となる. ここに，α は縁 AD での張力 $S\Delta x_2$ が x_1 軸となす微小角である. また，座標 $x_1 + \Delta x_1$ の縁 BC での張力 $S\Delta x_2$ の x_3 成分は，

$$S\Delta x_2 \sin \beta \cong S\Delta x_2 \tan \beta = S\Delta x_2 \frac{\partial x_3(x_1 + \Delta x_1, t)}{\partial x_1}$$

となる. ここに，β は縁 BC での張力 $S\Delta x_2$ が x_1 軸となす微小角である. したがって，x_3 軸方向の合力 X_{13} は上記二力の和で与えられ，

117

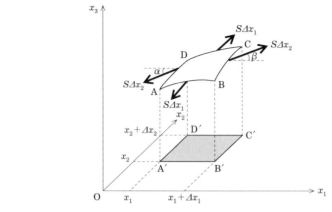

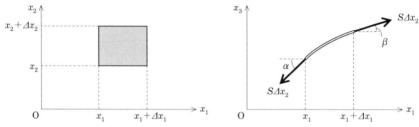

図 4.4 振動する矩形膜

$$X_{13} = S\Delta x_2 \frac{\partial x_3(x_1+\Delta x_1, t)}{\partial x_1} - S\Delta x_2 \frac{\partial x_3(x_1, t)}{\partial x_1}$$

$$= S\Delta x_2 \frac{\partial}{\partial x_1}\{x_3(x_1+\Delta x_1, t) - x_3(x_1, t)\}$$

$$\cong S\Delta x_2 \frac{\partial}{\partial x_1} \frac{\partial x_3(x_1, t)}{\partial x_1}\Delta x_1$$

$$= S\frac{\partial^2 x_3}{\partial x_1^2}\Delta x_1 \Delta x_2 \qquad (4.54)$$

となる.

まったく同様に考えて,縁 AB と縁 DC に働く張力 $S\Delta x_1$ の x_3 成分によ

る合力 X_{23} は,

$$X_{23} = S\Delta x_1 \frac{\partial x_3(x_2 + \Delta x_2, t)}{\partial x_2} - S\Delta x_1 \frac{\partial x_3(x_2, t)}{\partial x_2}$$

$$= S\Delta x_1 \frac{\partial}{\partial x_2} \{ x_3(x_2 + \Delta x_2, t) - x_3(x_2, t) \}$$

$$\cong S\Delta x_1 \frac{\partial}{\partial x_2} \frac{\partial x_3(x_2, t)}{\partial x_2} \Delta x_2$$

$$= S \frac{\partial^2 x_3}{\partial x_2^2} \Delta x_1 \Delta x_2 \tag{4.55}$$

と得られる.

　したがって, 膜の微小な矩形部分 ABCD の質量はほぼ $\rho \Delta x_1 \Delta x_2$ であることに注意して, 膜の微小部分 ABCD の x_3 軸方向の運動方程式は, (4.54)式と(4.55)式から

$$\rho \Delta x_1 \Delta x_2 \frac{\partial^2 x_3}{\partial t^2} = X_{13} + X_{23}$$

$$= S \frac{\partial^2 x_3}{\partial x_1^2} \Delta x_1 \Delta x_2 + S \frac{\partial^2 x_3}{\partial x_2^2} \Delta x_1 \Delta x_2$$

$$\therefore \quad \frac{\partial^2 x_3}{\partial t^2} = c^2 \left(\frac{\partial^2 x_3}{\partial x_1^2} + \frac{\partial^2 x_3}{\partial x_2^2} \right), \quad c = \sqrt{\frac{S}{\rho}} \tag{4.56}$$

となる. これは 2 次元の波動方程式であって, 振動が速さ c で伝播することを示している.

　また, 張力の x_1 成分は, α, β が微小角であることから $\cos \alpha = \cos \beta \cong 1$ になるので, $S\Delta x_2 \cos \beta - S\Delta x_2 \cos \alpha \cong 0$ となる. 同様に, 張力の x_2 成分も 0 になる. しかるに, 矩形膜の振動を解析するには, (4.56)式を基礎方程式とすればよいことになる.

　次に(4.56)式を解くことを考えよう. 膜が矩形枠に張られている形状から見て

$$x_3(x_1, x_2, t) = f(x_1) g(x_2) \cos(\omega t + \phi) \qquad (\omega : 角振動数, \ \phi : 位相) \tag{4.57}$$

という形式の解を想定し, (4.56)式に代入してみると

$$-\omega^2 f(x_1)g(x_2)\cos(\omega t+\phi)$$

$$= c^2\left(g(x_2)\frac{d^2 f(x_1)}{dx_1^2}+f(x_1)\frac{d^2 g(x_2)}{dx_2^2}\right)\cos(\omega t+\phi)$$

となる．これを整理すると

$$g(x_2)\frac{d^2 f(x_1)}{dx_1^2}+f(x_1)\frac{d^2 g(x_2)}{dx_2^2}+\frac{\omega^2}{c^2}f(x_1)g(x_2)=0$$

を得るから，この両辺を $f(x_1)g(x_2)(\neq 0)$ で割って変数分離すれば

$$\frac{1}{f(x_1)}\frac{d^2 f(x_1)}{dx_1^2}=-\frac{1}{g(x_2)}\left\{\frac{d^2 g(x_2)}{dx_2^2}+\frac{\omega^2}{c^2}g(x_2)\right\}$$

となる．左辺は x_1 のみの関数で，右辺は x_2 のみの関数であるから，これらが等しいためには，ある一定値でなければならない．それを $-\kappa^2/c^2$ と置くと，上式は

$$\frac{d^2 f(x_1)}{dx_1^2}=-\frac{\kappa^2}{c^2}f(x_1) \tag{4.58}$$

$$\frac{d^2 g(x_2)}{dx_2^2}=-\frac{\omega^2-\kappa^2}{c^2}g(x_2) \tag{4.59}$$

の二式に分離される．これらはいずれも調和振動の微分方程式であるから，その一般解はそれぞれ

$$f(x_1)=C_1\cos\frac{\kappa}{c}x_1+C_2\sin\frac{\kappa}{c}x_1 \tag{4.60}$$

$$g(x_2)=C_3\cos\frac{\sqrt{\omega^2-\kappa^2}}{c}x_2+C_4\sin\frac{\sqrt{\omega^2-\kappa^2}}{c}x_2 \tag{4.61}$$

となる．したがって，(4.56)式の解は(4.60)式と(4.61)式を(4.57)式に代入して

$$x_3(x_1,x_2,t)=\left(C_1\cos\frac{\kappa}{c}x_1+C_2\sin\frac{\kappa}{c}x_1\right)$$

$$\times\left(C_3\cos\frac{\sqrt{\omega^2-\kappa^2}}{c}x_2+C_4\sin\frac{\sqrt{\omega^2-\kappa^2}}{c}x_2\right)\cos(\omega t+\phi)$$

$$\tag{4.62}$$

と表される．ここで，任意定数 C_1, C_2, C_3, C_4 は，境界条件から決定される

ことになる.

矩形膜の固有振動

いま，二辺の長さを a, b とする矩形膜が固定されているとすると，このときの境界条件は

$$x_1 = 0, \ x_1 = a, \ x_2 = 0, \ x_2 = b \quad \text{で} \quad x_3 = 0$$

と表される．これらは

$$f(0) = 0, \quad f(a) = 0, \quad g(0) = 0, \quad g(b) = 0$$

に対応するから，(4.60)式と(4.61)式より

$$C_1 = 0, \quad C_3 = 0 \tag{4.63}$$

を得て，また同時に

$$\sin \frac{\kappa}{c} a = 0, \quad \sin \frac{\sqrt{\omega^2 - \kappa^2}}{c} b = 0$$

である．この三角方程式の解は，それぞれ

$$\frac{\kappa}{c} a = m\pi \quad (m = 1, 2, 3, \cdots)$$

$$\frac{\sqrt{\omega^2 - \kappa^2}}{c} b = n\pi \quad (n = 1, 2, 3, \cdots)$$

となるので，

$$\frac{\kappa}{c} = \frac{m\pi}{a} \quad (m = 1, 2, 3, \cdots)$$

$$\frac{\sqrt{\omega^2 - \kappa^2}}{c} = \frac{n\pi}{b} \quad (n = 1, 2, 3, \cdots) \tag{4.64}$$

である．したがって，この二式より κ を消去すれば

$$\omega^2 = \left\{ \left(\frac{m\pi}{a} \right)^2 + \left(\frac{n\pi}{b} \right)^2 \right\} \frac{S}{\rho} \tag{4.65}$$

を得る．つまり，

$$\text{固有値：} \quad \left(\frac{m\pi}{a} \right)^2, \ \left(\frac{n\pi}{b} \right)^2 \quad (m, n = 1, 2, 3, \cdots) \tag{4.66}$$

$$\text{固有関数：} \quad \sin \frac{m\pi}{a} x_1 \sin \frac{n\pi}{b} x_2 \tag{4.67}$$

固有角振動数：$\sqrt{\left\{\left(\dfrac{m\pi}{a}\right)^2+\left(\dfrac{n\pi}{b}\right)^2\right\}\dfrac{S}{\rho}}$ (4.68)

ということになる．ゆえに，矩形膜の固有振動の一般解は(4.62)式に(4.63)式，(4.64)式，および(4.65)式を代入し，解の重ね合わせも考慮して，

$$x_{3mn}(x_1, x_2, t) = \sum_{m=1}^{\infty}\sum_{n=1}^{\infty} A_{mn} \sin\dfrac{m\pi}{a}x_1 \sin\dfrac{n\pi}{b}x_2$$
$$\times \cos\left(\sqrt{\left\{\left(\dfrac{m\pi}{a}\right)^2+\left(\dfrac{n\pi}{b}\right)^2\right\}\dfrac{S}{\rho}}\cdot t + \phi_{mn}\right) \quad (4.69)$$

と表される．ここに，A_{mn}, ϕ_{mn} は任意定数である．

固有振動のモード

つづいては，具体的に(4.69)式の表す振動モードの簡単な場合を見ておこう．(4.67)式から，固有関数は

(a) $m=1,\ n=1$ のとき，$\sin\dfrac{\pi}{a}x_1 \sin\dfrac{\pi}{b}x_2$

(b) $m=2,\ n=1$ のとき，$\sin\dfrac{2\pi}{a}x_1 \sin\dfrac{\pi}{b}x_2$

(c) $m=1,\ n=2$ のとき，$\sin\dfrac{\pi}{a}x_1 \sin\dfrac{2\pi}{b}x_2$

(d) $m=2,\ n=2$ のとき，$\sin\dfrac{2\pi}{a}x_1 \sin\dfrac{2\pi}{b}x_2$

と得られるので，各振動モードにおける矩形膜の振動の様子は図4.5のようになる．白い部分は膜が浮き上がった状態に，また灰色の部分はくぼんだ状態にあることを示し，そしてそれらの境となる破線は変位0の**節線**を

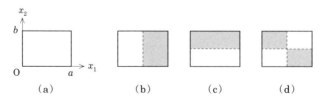

図4.5 矩形膜の振動の様子

表している.

　ここで，特に $a = b$ となる正方形膜の場合には，例えば $m = 2$, $n = 1$ と $m = 1$, $n = 2$ の振動モードの固有値と固有角振動数は同じになるが，固有関数は異なったものになる．このように，一つの固有値に対して異なる複数の固有関数がある場合を**縮退**と呼んでいる．

演習問題

1. 半無限弾性体の表面を伝播するレイリー波において，弾性体の各要素（連続体粒子）の動きは反時計回りの楕円運動になることを示せ．

2. 岩石のポアソン比は，0.25前後の値をもつものがほとんどである．いま，$\sigma = 0.25$ の地表をレイリー波が伝わるときのレイリーの方程式の解を求め，前問1における楕円運動の長軸と短軸の向きを確認せよ．

3. 棒の縦振動で，棒の材質による減衰がある場合には応力 τ_{11} と歪み ε_{11}，および歪み速度 $\partial\varepsilon_{11}/\partial t$ の間に

$$\tau_{11} = E\varepsilon_{11} + F\frac{\partial\varepsilon_{11}}{\partial t}$$

の関係がある．ここに，E はヤング率，F は正の定数である．このときの弾性体中の各要素の変位 $s_{11}(x_1, t)$ の一般解を求めよ．

4. 弦の一端を固定し，張力 S で水平に張った状態で他端をわずかに上下振動させると弦には横波が発生する．このとき，弦の張力の変化は無視できるとして弦の微小部分に働く張力の合力から運動方程式を求め，弦を伝わる横波の速さ c を導きなさい．ただし，弦の線密度（単位長さ当たりの質量）を ν とし，重力の影響は無視する．

第5章

粘性流体の流れ

5.1 レイノルズの相似法則

ここでは，非圧縮性粘性流体について，外力はポテンシャルをもつとして，流れの相似性について考えてみる．完全流体の場合，オイラーの方程式から同じ境界条件の下での流れの様子は一意に決まると考えられるが，粘性流体の場合には，ナビエ-ストークスの方程式にパラメーターとして粘性率が含まれるため，境界条件が同一であっても粘性率が違えば異なる流れになると予想される．したがって，粘性率や境界条件が異なるときでも，どのような条件が成立すれば同様の流れになるのかという問題が発生する．まずは，この点から検討してみよう．

基礎方程式の無次元化

この問題の基礎方程式である連続の方程式とナビエ-ストークスの方程式はそれぞれ(2.24)式と(3.87)式で与えられて，

$$\mathrm{div}\,\boldsymbol{v} = 0 \tag{5.1}$$

$$\frac{\partial \boldsymbol{v}}{\partial t} + (\boldsymbol{v}\cdot\nabla)\boldsymbol{v} = -\frac{1}{\rho}\nabla p^* + \nu\nabla^2\boldsymbol{v} \tag{5.2}$$

である．いま，図5.1に示すように流れを特徴づける代表的な長さを L，代表的な速度を U として変数の無次元化を行ってみよう．すなわち，各変数に $'$（ダッシュ）をつけた無次元変数

$$\boldsymbol{v}' = \frac{\boldsymbol{v}}{U}, \quad \boldsymbol{x}' = \frac{\boldsymbol{x}}{L}, \quad t' = \frac{t}{L/U}, \quad p' = \frac{p^*}{\rho U^2} \tag{5.3}$$

を導入すると

125

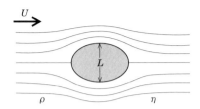

図 5.1 代表的な長さと代表的な速度

$$\nabla' = \left(\frac{\partial}{\partial x'_1}, \frac{\partial}{\partial x'_2}, \frac{\partial}{\partial x'_3}\right) = \left(\frac{\partial x_1}{\partial x'_1}\frac{\partial}{\partial x_1}, \frac{\partial x_2}{\partial x'_2}\frac{\partial}{\partial x_2}, \frac{\partial x_3}{\partial x'_3}\frac{\partial}{\partial x_3}\right)$$

$$= L\left(\frac{\partial}{\partial x_1}, \frac{\partial}{\partial x_2}, \frac{\partial}{\partial x_3}\right) = L\nabla$$

$$\frac{D}{Dt'} = \frac{\partial}{\partial t'} + \boldsymbol{v}'\cdot\nabla' = \frac{\partial t}{\partial t'}\frac{\partial}{\partial t} + \frac{\boldsymbol{v}}{U}\cdot L\nabla = \frac{L}{U}\frac{\partial}{\partial t} + \frac{L}{U}\boldsymbol{v}\cdot\nabla$$

$$= \frac{L}{U}\left(\frac{\partial}{\partial t} + \boldsymbol{v}\cdot\nabla\right) = \frac{L}{U}\frac{D}{Dt}$$

$$\nabla'^2 = \frac{\partial^2}{\partial x'^2_1} + \frac{\partial^2}{\partial x'^2_2} + \frac{\partial^2}{\partial x'^2_3} = \frac{\partial}{\partial x'_1}\frac{\partial}{\partial x'_1} + \frac{\partial}{\partial x'_2}\frac{\partial}{\partial x'_2} + \frac{\partial}{\partial x'_3}\frac{\partial}{\partial x'_3}$$

$$= L^2\left(\frac{\partial^2}{\partial x^2_1} + \frac{\partial^2}{\partial x^2_2} + \frac{\partial^2}{\partial x^2_3}\right) = L^2\nabla^2$$

となるから，これらを使って(5.1)式と(5.2)式を無次元化すれば

$$\mathrm{div}'\boldsymbol{v}' = 0 \tag{5.4}$$

$$\frac{\partial \boldsymbol{v}'}{\partial t} + (\boldsymbol{v}'\cdot\nabla')\boldsymbol{v}' = -\nabla'p' + \frac{1}{R_e}\nabla'^2\boldsymbol{v}' \tag{5.5}$$

と表される．ここに，R_e は**レイノルズ数**と呼ばれ，

$$R_e \equiv \frac{\rho LU}{\eta} = \frac{LU}{\nu} \tag{5.6a}$$

で定義する無次元の定数である．

そこで，いま二つの流れを想起して，これらの流れが相似になるための条件を考えてみる．それには，まず流れの境界，つまり流れの中にある物体の形といった幾何学的な条件が相似であることに加えて，流れを支配す

る無次元の基礎方程式(5.4)式と(5.5)式が一致することが求められる．つまり，二つの流れのレイノルズ数 R_e が同じになれば良いということである．このようなことから以上を整理すると，『境界の形が幾何学的に相似な二つの流れは，レイノルズ数 R_e が等しければ流れの場は互いに相似になる』，といえる．これを**レイノルズの相似法則**という．航空機などの開発で，その空力特性を知る目的で模型による風洞試験が行なわれるが，その拠りどころとなるのがこの法則である．

レイノルズ数と流れの特徴

次に，レイノルズ数の物理的意味を考えてみよう．(5.6a)式は，分子分母に U/L^2 を掛けてみると

$$R_e = \frac{U^2/L}{\nu U/L^2} = \frac{\text{対流項}}{\text{粘性項}} \tag{5.6b}$$

となっていることがわかる．つまり，レイノルズ数は(5.5)式の左辺の第2項の大きさと，右辺の第2項の大きさの比になっている．したがって，R_e が小さければ ($R_e \ll 1$) 粘性項が卓越するようになり，流れの様子は定常的になって，層流や対称な流れが見られる．またこれに反して，R_e が大きくなると ($R_e \gg 1$) 対流項が卓越するようになり，これは非線形項であるから流れは非定常的となって，乱流や物体表面からの剥離などが発生するようになる．

図5.2は，円柱の周りの流れが R_e の値により変化する様子を模式図に描いたもので，表5.1は，いろいろな流体現象とそのレイノルズ数の値を示している．

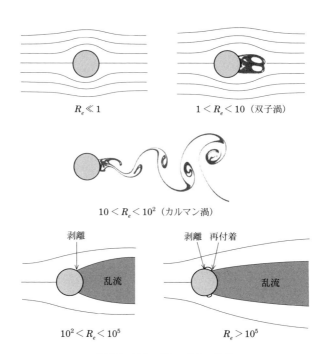

図 5.2 円柱の周りの流れの様子

表 5.1 いろいろな流体現象とレイノルズ数

流体現象	L	U	ν	R_e
毛細血管内の流れ	7 μm	0.07 cm/s	0.03 cm^2/s	1.6×10^{-3}
ビールの泡の上昇	0.1 cm	3 cm/s	0.01 cm^2/s	30
金魚の遊泳	2 cm	6 cm/s	0.01 cm^2/s	1.2×10^3
人の歩行	1.7 m	1 m/s	0.15×10^{-4} m^2/s	1.1×10^5
人の疾走	1.7 m	10 m/s	0.15×10^{-4} m^2/s	1.1×10^6
自動車の走行	1.5 m	50 km/h	0.15×10^{-4} m^2/s	1.4×10^6
新幹線の走行	4 m	300 km/h	0.15×10^{-4} m^2/s	2.2×10^7
戦闘機の飛行	11 m	2400 km/h	0.15×10^{-4} m^2/s	4.9×10^8

5.2 平行流

流れの速度 $\boldsymbol{v}$ が，一つの成分しかもたない流れを**平行流**とか**一方向流**と称する．いま，その流れの方向に x_1 軸をとり，それに垂直な平面内に x_2, x_3 軸を，さらに速度を $\boldsymbol{v} = (v_1, 0, 0)$ としよう．また，ここでは非圧縮性の粘性流体を扱うものとする．このとき，連続の方程式は(5.1)式より $\partial v_1 / \partial x_1 = 0$ となるから，v_1 は x_2, x_3, t の関数，つまり $v_1(x_2, x_3, t)$ ということである．この事実から，ナビエ-ストークスの方程式の非線形項である対流項は

$$(\boldsymbol{v} \cdot \nabla)\boldsymbol{v} = \left(v_1 \frac{\partial}{\partial x_1}\right)\boldsymbol{v} = \boldsymbol{0}$$

となるので，これを(5.2)式に代入すれば，それは

$$\frac{\partial \boldsymbol{v}}{\partial t} = -\frac{1}{\rho}\nabla p^* + \nu \nabla^2 \boldsymbol{v} \tag{5.7}$$

となる．つまり，平行流でのナビエ-ストークスの方程式は，線形方程式に帰着することになる．このことは解の重ね合わせが可能で，問題の境界条件によって方程式は厳密に解くことができることを意味する．

そこで(5.7)式を具体的に解くのであるが，そのために(5.7)式を成分で表してみる．まず x_1 成分であるが，それは

$$\frac{\partial v_1}{\partial t} = -\frac{1}{\rho}\frac{\partial p^*}{\partial x_1} + \nu\left(\frac{\partial^2 v_1}{\partial x_2^2} + \frac{\partial^2 v_1}{\partial x_3^2}\right) \tag{5.8a}$$

となり，また x_2, x_3 成分は $\boldsymbol{v} = (v_1, 0, 0)$ ということから

$$\frac{\partial p^*}{\partial x_2} = 0, \qquad \frac{\partial p^*}{\partial x_3} = 0 \tag{5.8b}$$

と求められる．(5.8b)式は，修正圧力 p^* が x_1 と t のみの関数であることを示している．つまり，$p^*(x_1, t)$ ということである 以上のことから，(5.8a)式は x_1, t に依存する項と x_2, x_3, t に依存する項とに分離することができて，それは

$$-\frac{\partial p^*}{\partial x_1} = \rho\frac{\partial v_1}{\partial t} - \eta\left(\frac{\partial^2 v_1}{\partial x_2^2} + \frac{\partial^2 v_1}{\partial x_3^2}\right) \tag{5.9}$$

と表される．この式で時間 t は両辺に含まれるので左辺 ＝ 右辺 ＝ $\alpha(t)$ と置けば

$$-\frac{\partial p^*}{\partial x_1} = \alpha(t) \tag{5.10}$$

を得るから，ここから修正圧力 p^* は

$$p^* = -\alpha(t)x_1 + \beta(t) \tag{5.11}$$

と求まる．ここに，$\beta(t)$ は t の任意関数である．

また，流速 v_1 は，(5.9)式の右辺を

$$\rho\frac{\partial v_1}{\partial t} - \eta\left(\frac{\partial^2 v_1}{\partial x_2^2} + \frac{\partial^2 v_1}{\partial x_3^2}\right) = \alpha(t)$$

と置いた後，これを変形して得られる

$$\frac{\partial^2 v_1}{\partial x_2^2} + \frac{\partial^2 v_1}{\partial x_3^2} - \frac{1}{\nu}\frac{\partial v_1}{\partial t} = -\frac{\alpha(t)}{\eta} \tag{5.12}$$

から求めることができる．以下では，(5.12)式を具体的な問題に適用し，それを解くことを試みよう．

クエット流

間隔 h の二枚の平行無限平板の間を流体で満たして，一方の平板を固定し他方を一定の速度 U で動かすときに発生する定常粘性流を考える．この様子を図 5.3 に示すが，これは 2 次元問題であるので流れの向きに x_1 軸を，平板に垂直に x_2 軸をとるものとする．このときの流れは，流体のもつ粘性の性質により流体が平板面に粘着することで発生するが，とくに流れの圧力勾配が 0 となる場合を**クエット流**と呼び，(5.10)式から

$$\alpha(t) = 0 \tag{5.13}$$

である．

また，流速 v_1 は 2 次元問題であることにより x_3 に依存せず，さらに x_1, t にも依存しないことから，x_2 のみの関数となるので，(5.13)式を考慮すると (5.12)式は

$$\frac{\partial^2 v_1}{\partial x_2^2} = 0 \tag{5.14}$$

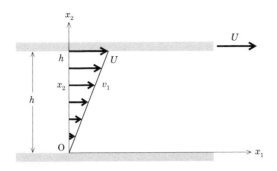

図 5.3 クエット流

と簡単になる．これがこのときの流れの運動方程式である．しかるに，これを二回積分して v_1 について解けば

$$v_1 = ax_2 + b \quad (a, b：積分定数) \tag{5.15}$$

が得られる．ここで境界条件：$x_2 = 0$ で $v_1 = 0$, $x_2 = h$ で $v_1 = U$ を適用すると

$$a = \frac{U}{h}, \quad b = 0$$

となるから，(5.15)式は

$$v_1 = \frac{U}{h} x_2 \tag{5.16}$$

と定まる．つまり，流速 v_1 は図 5.3 にあるように x_2 軸方向に直線的に変化する，速度勾配が一定値 U/h である流れとなるのである．これがクエット流の特徴である．

次に，クエット流における歪み速度と応力の関係について調べてみよう．流れの中に生じる 0 でない応力は τ_{12} のみで，これに係わる歪み速度は (3.72)式から e_{12} だけである．そこで，(3.32)式と(5.16)式から歪み速度 e_{12} を求めると

$$e_{12} = \frac{1}{2}\left(\frac{\partial v_1}{\partial x_2} + \frac{\partial 0}{\partial x_1}\right) = \frac{1}{2}\frac{\partial v_1}{\partial x_2} = \frac{1}{2}\frac{\partial}{\partial x_2}\frac{U}{h}x_2 = \frac{U}{2h}$$

となるから，これを(3.72)式に代入すれば

$$\tau_{12} = -p \cdot 0 + 2\eta \cdot \frac{U}{2h} = \eta \frac{U}{h} \tag{5.17}$$

と求まり，接線応力 τ_{12} はいたるところで一定値であって，これが粘性作用の原因であると理解される．

さらに，図5.3で紙面に垂直に裏から表向きに x_3 軸をとるとき，渦度の x_3 成分 ω_3 を考えると(2.6b)式と(5.16)式から

$$\omega_3 = \frac{\partial 0}{\partial x_1} - \frac{\partial v_1}{\partial x_2} = -\frac{U}{h}$$

と求められる．したがって，流れに伴う回転の角速度 $\dot{\phi}_3$ は(3.40)式より

$$\dot{\phi}_3 = \frac{1}{2}\omega_3 = -\frac{U}{2h} \tag{5.18}$$

と得られる．(5.18)式から，クエット流は流体粒子の時計回りの角速度 $U/(2h)$ の局所的な微小回転運動により発生することがわかる．

ハーゲン-ポアズイユ流

真っ直ぐな半径 a の円管内を粘性率 η の流体が占めるとき，円管の両端に一定の圧力勾配 α を加えることにより生じる定常流を考えよう．これを**ハーゲン-ポアズイユ流**と呼ぶ(図5.4)．

まず，α は一定であるから，修正圧力 p^* は(5.11)式より x_1 の1次関数になる．また，定常流であるので，$\partial/\partial t = 0$ である．したがって，流速 v_1 を決定する方程式は(5.12)式から

$$\frac{\partial^2 v_1}{\partial x_2^2} + \frac{\partial^2 v_1}{\partial x_3^2} = -\frac{\alpha}{\eta} \tag{5.19}$$

と表される．

さて，このときの流れであるが，それは x_1 軸に関して対称となるから，この問題を考察するには直交座標 (x_1, x_2, x_3) よりも円柱座標 (x, r, φ) が便利である．すると

$$v_1 = v_1(r), \qquad r = \sqrt{x_2^2 + x_3^2} \tag{5.20}$$

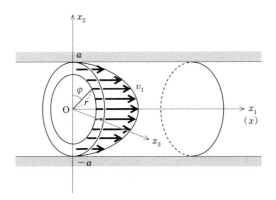

図 5.4 ハーゲン-ポアズイユ流

であるので,ここから

$$\frac{\partial r}{\partial x_2} = \frac{x_2}{r}, \qquad \frac{\partial r}{\partial x_3} = \frac{x_3}{r},$$

$$\frac{\partial v_1}{\partial x_2} = \frac{dv_1}{dr}\frac{\partial r}{\partial x_2} = \frac{x_2}{r}\frac{dv_1}{dr}, \qquad \frac{\partial v_1}{\partial x_3} = \frac{dv_1}{dr}\frac{\partial r}{\partial x_3} = \frac{x_3}{r}\frac{dv_1}{dr}$$

の関係が得られ,これらを使って

$$\begin{aligned}\frac{\partial^2 v_1}{\partial x_2^2} &= \frac{\partial}{\partial x_2}\left(\frac{\partial v_1}{\partial x_2}\right) = \frac{\partial}{\partial x_2}\left(\frac{x_2}{r}\frac{dv_1}{dr}\right) \\ &= \frac{1}{r}\frac{dv_1}{dr} - \frac{x_2}{r^2}\frac{\partial r}{\partial x_2}\frac{dv_1}{dr} + \frac{x_2}{r}\frac{\partial}{\partial x_2}\left(\frac{dv_1}{dr}\right) \\ &= \frac{1}{r}\frac{dv_1}{dr} - \frac{x_2^2}{r^3}\frac{dv_1}{dr} + \frac{x_2}{r}\frac{d}{dr}\left(\frac{\partial v_1}{\partial x_2}\right) = \frac{1}{r}\frac{dv_1}{dr} - \frac{x_2^2}{r^3}\frac{dv_1}{dr} + \frac{x_2^2}{r^2}\frac{d^2 v_1}{dr^2} \end{aligned}$$

(5.21)

となる.同様にして,

$$\frac{\partial^2 v_1}{\partial x_3^2} = \frac{1}{r}\frac{dv_1}{dr} - \frac{x_3^2}{r^3}\frac{dv_1}{dr} + \frac{x_3^2}{r^2}\frac{d^2 v_1}{dr^2} \tag{5.22}$$

も得られる.しかるに,(5.19)式の左辺は(5.21)式と(5.22)式を加えることから

$$\frac{\partial^2 v_1}{\partial x_2^2}+\frac{\partial^2 v_1}{\partial x_3^2}=\frac{1}{r}\frac{dv_1}{dr}+\frac{d^2 v_1}{dr^2} \tag{5.23}$$

と表される. よって, (5.19)式は

$$\frac{1}{r}\frac{dv_1}{dr}+\frac{d^2 v_1}{dr^2}=-\frac{\alpha}{\eta} \tag{5.24}$$

と書き直される. 流れの特性から, 角 φ には依存しないことは明らかである.

さて, (5.24)式を具体的に解いてみることにしよう. この式の左辺は一つにまとめることができるから, あらためて表記すると

$$\frac{1}{r}\frac{d}{dr}\left(r\frac{dv_1}{dr}\right)=-\frac{\alpha}{\eta}$$

となる. したがって, この両辺に rdr を掛けて両辺を積分すれば

$$\int d\left(r\frac{dv_1}{dr}\right)=-\frac{\alpha}{\eta}\int r\,dr$$

$$\therefore\quad r\frac{dv_1}{dr}=-\frac{\alpha}{2\eta}r^2+C\quad(C：積分定数)$$

となる. ここで, 境界条件：$r=0$ で流速 v_1 ($=$ 一定値) を適用すると積分定数は $C=0$ となるから, 上式は

$$\frac{dv_1}{dr}=-\frac{\alpha}{2\eta}r$$

と表され, 変数分離型微分方程式に帰着する. この積分は簡単で, その結果は

$$v_1=-\frac{\alpha}{4\eta}r^2+C'\quad(C'：積分定数)$$

となる. ここで再び境界条件：$r=a$ で $v_1=0$ を適用すると $C'=\alpha a^2/4\eta$ と決まるから, これを上式に代入して

$$v_1=\frac{\alpha}{4\eta}(a^2-r^2) \tag{5.25}$$

と求められる. この式から, 流速の最大値 $v_{\max}$ は $r=0$, つまり円管の中心軸(x_1軸)上で発生し, その値は

$$v_{\max} = \frac{\alpha a^2}{4\eta} \tag{5.26}$$

である.すなわち,円管内の定常な粘性流の速度分布は中心軸に対称な回転放物面になり,その最大値は中心軸上で(5.26)式で与える値となる(図5.4).

次に,円管の断面を単位時間に流れる流体の体積,すなわち流量 Q を求めてみよう.図5.5に示すように,流れに垂直な断面内にとった幅 dr の円環部分を通過する流量を考えると,それは $2\pi r \cdot dr \cdot v_1$ になる.したがって,求める流量 Q はこの値を 0 から a まで積分することにより求められるから,(5.25)式を代入して

$$Q = \int_0^a 2\pi r v_1 \, dr = \frac{\alpha\pi}{2\eta}\int_0^a (a^2 r - r^3)\, dr = \frac{\alpha\pi a^4}{8\eta} \tag{5.27}$$

となる.すなわち,『流量 Q は円管の半径 a の4乗と圧力勾配 α に比例し,粘性率 η に反比例する』,ということである.これを**ハーゲン-ポアズイユの法則**という.(5.27)式からわかるように,流量 Q を増加するには,圧力勾配 α を大きくするよりも円管の半径 a を大きくするほうがより効果的であることがわかる.

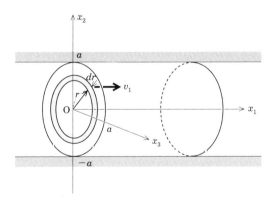

図 5.5 円管での流量

5.3 遅い粘性流

　粘性のある遅い流れは，レイノルズ数が十分に小さくなるので**低レイノ
ルズ数の流れ**ともいう．この場合，(5.6b)式から粘性項は対流項より卓越
するようになるので，(5.2)式の左辺第2項を無視する近似が可能になる．
したがって，このときのナビエ-ストークスの方程式は

$$\frac{\partial \boldsymbol{v}}{\partial t} = -\frac{1}{\rho}\nabla p + \nu \nabla^2 \boldsymbol{v} \tag{5.28}$$

と表される．これを**ストークス近似**といい，この表す流れを**ストークス流**
と呼ぶ．ここでは，p^* を p と表示している．

　いま，流れは定常であるとすると $\partial/\partial t = 0$ であるから，(5.28)式はさら
に簡単になり

$$\nabla p = \eta \nabla^2 \boldsymbol{v} \tag{5.29}$$

となる．したがって，このときの流れは(5.29)式と連続の方程式(5.1)式，
つまり

$$\mathrm{div}\,\boldsymbol{v} = 0 \tag{5.30}$$

を連立して解くことにより決定される．

　まず，圧力 p の関数形を考察しよう．そのために(5.28)式の両辺に演算
div を施すと

$$\mathrm{div}\,\frac{\partial \boldsymbol{v}}{\partial t} = -\frac{1}{\rho}\,\mathrm{div}\,\nabla p + \nu\,\mathrm{div}\,\nabla^2 \boldsymbol{v}$$

$$\therefore\quad \frac{\partial}{\partial t}\,\mathrm{div}\,\boldsymbol{v} = -\frac{1}{\rho}\nabla^2 p + \nu \nabla^2 \mathrm{div}\,\boldsymbol{v}$$

と変形できるから，これに(5.30)式を使うと

$$\nabla^2 p = 0 \tag{5.31}$$

が得られる．これはラプラスの方程式であるから，圧力 p は調和関数にな
ることがわかる．

　次に，(5.28)式の両辺に演算 rot を行ってみよう．すると

$$\mathrm{rot}\,\frac{\partial \boldsymbol{v}}{\partial t} = -\frac{1}{\rho}\,\mathrm{rot}\,\nabla p + \nu\,\mathrm{rot}\,\nabla^2 \boldsymbol{v}$$

のようになるが，上式の右辺第1項はベクトル解析から $\mathrm{rot}\,\nabla p = \nabla \times \nabla p = \mathbf{0}$ となり，さらに右辺第2項は

$$
\mathrm{rot}\,\nabla^2 \boldsymbol{v} = \nabla \times \nabla^2 \boldsymbol{v} =
\begin{bmatrix}
\dfrac{\partial}{\partial x_2}\nabla^2 v_3 - \dfrac{\partial}{\partial x_3}\nabla^2 v_2 \\[2mm]
\dfrac{\partial}{\partial x_3}\nabla^2 v_1 - \dfrac{\partial}{\partial x_1}\nabla^2 v_3 \\[2mm]
\dfrac{\partial}{\partial x_1}\nabla^2 v_2 - \dfrac{\partial}{\partial x_2}\nabla^2 v_1
\end{bmatrix}
= \nabla^2
\begin{bmatrix}
\dfrac{\partial v_3}{\partial x_2} - \dfrac{\partial v_2}{\partial x_3} \\[2mm]
\dfrac{\partial v_1}{\partial x_3} - \dfrac{\partial v_3}{\partial x_1} \\[2mm]
\dfrac{\partial v_2}{\partial x_1} - \dfrac{\partial v_1}{\partial x_2}
\end{bmatrix}
$$

$$
= \nabla^2(\nabla \times \boldsymbol{v}) = \nabla^2 \mathrm{rot}\,\boldsymbol{v}
$$

と変形できるから，上式は

$$
\frac{\partial}{\partial t}\mathrm{rot}\,\boldsymbol{v} = \nu \nabla^2 \mathrm{rot}\,\boldsymbol{v}
$$

と整理される．これに，さらに(2.6a)式を適用すると

$$
\frac{\partial \boldsymbol{\omega}}{\partial t} = \nu \nabla^2 \boldsymbol{\omega} \tag{5.32}
$$

となる．いま，流れは定常であるとすれば $\partial/\partial t = 0$ であるから，(5.32)式は

$$
\nabla^2 \boldsymbol{\omega} = \mathbf{0} \tag{5.33}
$$

となり，渦度 $\boldsymbol{\omega}$ は調和関数になることがわかる．

球を過ぎるストークス流

いま，十分遠方での圧力と流速がそれぞれ $p_\infty,\,U$ の遅い粘性流の中に，半径 a の球を静止して置くときの球の周りの流れを考えよう．このとき，流れの向きに x_1 軸をとり，それに垂直に互いに直交する2軸を $x_2,\,x_3$ 軸とする．

まず，調和関数としての圧力 p の一般表示であるが，十分遠方($r \to \infty$ のとき $1/r^n \to 0\,(n：正の整数)$)で流れの圧力が一定値となることに注意すると，それ以外の項は $1/r$ の各階微分係数の級数として

$$
p = c_0 + \frac{c_1}{r} + a_i \frac{\partial}{\partial x_i}\left(\frac{1}{r}\right) + a_{ij}\frac{\partial^2}{\partial x_i \partial x_j}\left(\frac{1}{r}\right) + \cdots \tag{5.34}
$$

のように表すことができる．ただし，$r = \sqrt{x_1^2 + x_2^2 + x_3^2}$ で，c_0, c_1, a_i, a_{ij} は任意定数である．そこで，(5.34)式の右辺各項の物理的意味を検討し，ここでの問題における圧力 p の具体的な関数形を決定しよう．

まず，第1項であるが，十分遠方 $(r \to \infty)$ での流れの圧力を意味するから p_∞ である．第2項は球対称な圧力分布を表すので，球を過ぎる流れには不適切である．第3項は x_i 軸方向への依存性を表すが，ここでは x_1 軸方向に圧力の異方性があるのでこの項は残しておく．第4項以降は x_i, x_j 軸の向きへの同時依存性を表しており，ここではそれはないので除外する．こうして，圧力 p の関数形は

$$p = p_\infty + A \frac{\partial}{\partial x_1}\left(\frac{1}{r}\right) = p_\infty - \frac{A x_1}{r^3} \tag{5.35}$$

と定まる．ただし，A は任意定数である．

つづいては，流れの速度 $\boldsymbol{v}$ の関数形を決定しよう．それには(5.35)式を(5.29)式に代入すればよい．すると，それは

$$\eta \nabla^2 \boldsymbol{v} = \nabla\left\{p_\infty + A \frac{\partial}{\partial x_1}\left(\frac{1}{r}\right)\right\} = A \nabla \frac{\partial}{\partial x_1}\left(\frac{1}{r}\right)$$

となる．ここで，

$$\frac{1}{r} = \frac{1}{2}\nabla^2 r \tag{5.36}$$

であるから，これを上式に代入すると

$$\nabla^2 \boldsymbol{v} = \frac{A}{\eta}\nabla \frac{\partial}{\partial x_1}\left(\frac{1}{r}\right) = \frac{A}{\eta}\nabla \frac{\partial}{\partial x_1}\left(\frac{1}{2}\nabla^2 r\right) = \frac{A}{2\eta}\nabla^2\left\{\nabla\left(\frac{\partial r}{\partial x_1}\right)\right\}$$

となる．したがって，この式の最左辺と最右辺の比較から

$$\boldsymbol{v} = \frac{A}{2\eta}\nabla\left(\frac{\partial r}{\partial x_1}\right) + \boldsymbol{v}_0 \tag{5.37}$$

を得る．ただし，定数ベクトル $\boldsymbol{v}_0 = (v_{01}, v_{02}, v_{03})$ は，両辺に微分演算子 ∇^2 があることによる不定性を表している．この定数ベクトルを定めるには(5.37)式が(5.30)式を満たせばよいので，これを実行しよう．すると，それは(5.36)式を考慮して

$$0 = \nabla \cdot \boldsymbol{v} = \nabla \cdot \left\{ \frac{A}{2\eta} \nabla \left(\frac{\partial r}{\partial x_1} \right) + \boldsymbol{v}_0 \right\} = \frac{A}{2\eta} \nabla^2 \left(\frac{\partial r}{\partial x_1} \right) + \nabla \cdot \boldsymbol{v}_0$$

$$= \frac{A}{2\eta} \frac{\partial}{\partial x_1} \nabla^2 r + \nabla \cdot \boldsymbol{v}_0 = \frac{A}{2\eta} \frac{\partial}{\partial x_1} \left(\frac{2}{r} \right) + \frac{\partial v_{01}}{\partial x_1} + \frac{\partial v_{02}}{\partial x_2} + \frac{\partial v_{03}}{\partial x_3}$$

$$= \frac{\partial}{\partial x_1} \left(\frac{A}{\eta r} + v_{01} \right) + \frac{\partial v_{02}}{\partial x_2} + \frac{\partial v_{03}}{\partial x_3}$$

となるが,十分下流では x_2, x_3 軸方向の流れは存在しないので,$v_{02} = v_{03}$ $= 0$ としてよい.このとき,

$$\frac{A}{\eta r} + v_{01} = 0$$

$$\therefore \quad v_{01} = -\frac{A}{\eta r}$$

となるから,

$$\boldsymbol{v}_0 = \left(-\frac{A}{\eta r}, 0, 0 \right) \tag{5.38}$$

と求められる.したがって,$r = \sqrt{x_1^2 + x_2^2 + x_3^2}$ から

$$\frac{\partial r}{\partial x_1} = \frac{x_1}{r}, \qquad \qquad \frac{\partial}{\partial x_1} \left(\frac{x_1}{r} \right) = \frac{1}{r} - \frac{x_1^2}{r^3},$$

$$\frac{\partial}{\partial x_2} \left(\frac{x_1}{r} \right) = -\frac{x_1 x_2}{r^3}, \qquad \frac{\partial}{\partial x_3} \left(\frac{x_1}{r} \right) = -\frac{x_1 x_3}{r^3}$$

であることを考慮し,さらに(5.38)式も使うことで,(5.37)式の成分表示は

$$v_1 = -\frac{A}{2\eta} \left(\frac{1}{r} + \frac{x_1^2}{r^3} \right), \quad v_2 = -\frac{A}{2\eta} \frac{x_1 x_2}{r^3}, \quad v_3 = -\frac{A}{2\eta} \frac{x_1 x_3}{r^3}$$

$$\tag{5.39}$$

と得られる.これと(5.35)式を**ストークス源**と呼び,ストークス近似の特殊解を表す.

さて,(5.29)式の一般解としての流れの速度 $\boldsymbol{v}$ であるが,それは上に得た特殊解(5.39)式と(5.29)式の同次方程式

$$\nabla^2 \boldsymbol{v} = \boldsymbol{0} \tag{5.40}$$

の一般解との和として与えられるから，次に(5.40)式の一般解を求めよう．いま，任意のスカラー関数を Φ として

$$\boldsymbol{v} = \mathrm{grad}\,\Phi \tag{5.41}$$

と置き[1]，これを連続の方程式(5.30)式に代入すると

$$\mathrm{div}\,\mathrm{grad}\,\Phi = \nabla^2\Phi = 0 \tag{5.42}$$

となってラプラスの方程式を得るから，スカラー関数 Φ は調和関数である．さらには，(5.42)式を考慮して(5.41)式を(5.40)式の左辺へ代入すれば

$$\nabla^2\boldsymbol{v} = \nabla^2(\nabla\Phi) = \nabla(\nabla^2\Phi) = \boldsymbol{0}$$

となって満たされる．しかるに，速度 $\boldsymbol{v}$ はスカラー関数（速度ポテンシャル）Φ をもち，かつ，十分遠方で流速が U であることと，x_1 軸方向にのみ異方性をもつことを考慮すれば，調和関数 Φ の形式は，(5.34)式の類推により

$$\Phi = Ux_1 + B\frac{\partial}{\partial x_1}\left(\frac{1}{r}\right) \tag{5.43}$$

とするのが適切である．ここで，B は任意定数である．このとき，(5.41)式の右辺は

$$\mathrm{grad}\,\Phi = \begin{bmatrix} U + B\dfrac{\partial^2}{\partial x_1^2}\left(\dfrac{1}{r}\right) \\ B\dfrac{\partial^2}{\partial x_2\partial x_1}\left(\dfrac{1}{r}\right) \\ B\dfrac{\partial^2}{\partial x_3\partial x_1}\left(\dfrac{1}{r}\right) \end{bmatrix} = \begin{bmatrix} U + B\left(-\dfrac{1}{r^3} + \dfrac{3x_1^2}{r^5}\right) \\ B\dfrac{3x_1x_2}{r^5} \\ B\dfrac{3x_1x_3}{r^5} \end{bmatrix}$$

となるので，この式と，(5.39)式および(5.41)式から，速度 $\boldsymbol{v}$ の一般的表示は

$$v_1 = U - \frac{A}{2\eta}\left(\frac{1}{r} + \frac{x_1^2}{r^3}\right) + B\left(-\frac{1}{r^3} + \frac{3x_1^2}{r^5}\right) \tag{5.44a}$$

$$v_2 = -\frac{A}{2\eta}\frac{x_1x_2}{r^3} + B\frac{3x_1x_2}{r^5} \tag{5.44b}$$

$$v_3 = -\frac{A}{2\eta}\frac{x_1x_3}{r^3} + B\frac{3x_1x_3}{r^5} \tag{5.44c}$$

と表されることになる．ここで，任意定数 A, B は未定のままであるので，次にこれを決定しよう．それには球の表面での境界条件：$r = a$ で $v_1 = v_2 = v_3 = 0$ を利用すればよく，これを(5.44)式に代入すると

$$U = \frac{A}{2\eta}\left(\frac{1}{a}+\frac{x_1^2}{a^3}\right)-B\left(-\frac{1}{a^3}+\frac{3x_1^2}{a^5}\right), \qquad 0 = -\frac{A}{2\eta}+\frac{3B}{a}$$

が得られる．これらの式は A, B を未知数とする連立方程式になるので，これを解けば

$$A = \frac{3}{2}\eta a U, \qquad B = \frac{1}{4}a^3 U \tag{5.45}$$

と求められる．よって，球を過ぎるストークス流の圧力と速度は，(5.45)式を(5.35)式と(5.44)式へ代入して

$$p = p_\infty - \frac{3\eta a U x_1}{2r^3} \tag{5.46}$$

$$v_1 = U\left\{1-\frac{a}{4r}\left(3+\frac{a^2}{r^2}\right)-\frac{3ax_1^2}{4r^3}\left(1-\frac{a^2}{r^2}\right)\right\} \tag{5.47a}$$

$$v_2 = U\left\{-\frac{3ax_1x_2}{4r^3}\left(1-\frac{a^2}{r^2}\right)\right\} \tag{5.47b}$$

$$v_3 = U\left\{-\frac{3ax_1x_3}{4r^3}\left(1-\frac{a^2}{r^2}\right)\right\} \tag{5.47c}$$

と表される．

ストークスの抵抗法則

ここでは，上に議論したストークス流中にある半径 a の球に働く力を計算してみよう．この流れは x_1 軸に対称になるから，力の向きは x_1 軸の方向になる．そこで，まず球の表面に働く応力テンソルを考えると，それは変形速度テンソル(3.31b)式と構成方程式(3.72)式から

$$\tau_{11} = -p+2\eta\frac{\partial v_1}{\partial x_1}, \qquad \tau_{12} = \eta\left(\frac{\partial v_1}{\partial x_2}+\frac{\partial v_2}{\partial x_1}\right), \qquad \tau_{13} = \eta\left(\frac{\partial v_1}{\partial x_3}+\frac{\partial v_3}{\partial x_1}\right) \tag{5.48}$$

となる．したがって，図5.6のように，球の表面上の微小面積要素 dS にお

---

1) 一般に，ポテンシャル流は完全流体のみならず，粘性流体においても実現可能である．参考文献[15] pp.260〜269 を参照.

ける外向き単位法線ベクトルを $\bm{n} = [n_1\ n_2\ n_3]^T$ とするとき，その部分に働く応力 $\bm{T}_n$ の x_1 成分 T_{1n} は，(3.8e)式，(5.46)式および(5.47)式から

$$(T_{1n})_{r=a} = (\tau_{11}n_1 + \tau_{12}n_2 + \tau_{13}n_3)_{r=a} = \left(\tau_{11}\frac{x_1}{r} + \tau_{12}\frac{x_2}{r} + \tau_{13}\frac{x_3}{r}\right)_{r=a}$$

$$= \frac{1}{a}\left(-p_\infty x_1 + \frac{3\eta U x_1^2}{2a^2}\right)_{r=a}$$

$$+ \frac{\eta U}{a}\left(-\frac{3x_1^2}{2a^2} + \frac{9x_1^2}{2a^2} + \frac{9x_1^4}{2a^4} - \frac{15x_1^4}{2a^4}\right)_{r=a}$$

$$+ \frac{\eta U}{a}\left(\frac{3x_2^2}{2a^2} + \frac{9x_1^2 x_2^2}{2a^4} - \frac{15x_1^2 x_2^2}{2a^4}\right)_{r=a}$$

$$+ \frac{\eta U}{a}\left(\frac{3x_3^2}{2a^2} + \frac{9x_1^2 x_3^2}{2a^4} - \frac{15x_1^2 x_3^2}{2a^4}\right)_{r=a}$$

$$= \frac{1}{a}\left(-p_\infty x_1 + \frac{3}{2}\eta U\right) \tag{5.49}$$

となる．よって，球に働く抗力 D は，(5.49)式を球の表面にわたって積分することにより

$$D = \iint_S (T_{1n})_{r=a} dS = \frac{1}{a}\left(-p_\infty \iint_S x_1 dS + \frac{3}{2}\eta U \iint_S dS\right)$$

$$= -p_\infty \cdot 0 + \frac{3}{2a}\eta U \cdot 4\pi a^2$$

$$= 6\pi \eta a U \tag{5.50}$$

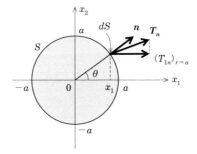

図 5.6　球に働く応力

と求められる．これを**ストークスの抵抗法則**といい，アメリカの物理学者 R. ミリカンが電気素量を求めるための油滴実験(1909〜17 年)に応用するなどで，よく知られた法則である．

いま，流れに垂直な物体の断面積を $A_\perp$，流体の密度を ρ とするとき，**抗力係数** C_D を

$$C_D \equiv \frac{D}{\frac{1}{2}\rho U^2 A_\perp} \tag{5.51}$$

で定義すると，球の場合 $A_\perp = \pi a^2$ であるから，これと(5.50)式を(5.51)式に代入して

$$C_D = \frac{6\pi\eta aU}{\frac{1}{2}\rho U^2 \cdot \pi a^2} = \frac{24}{\frac{\rho(2a)U}{\eta}} = \frac{24}{R_e} \tag{5.52}$$

となる．ここで，R_e はレイノルズ数である．(5.50)式および(5.52)式は，$R_e \ll 1$ の範囲で良く成り立つことが知られている(図 5.7)．

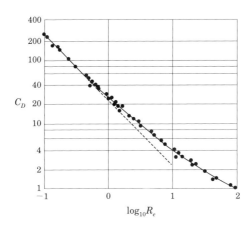

図 5.7 球の抗力係数とレイノルズ数の関

演習問題

1. 潜水艦が 13 ノットの速力で潜航している．このとき，直径 40 cm の潜望鏡に対するレイノルズ数を計算せよ．ただし，海水温 10℃ における動粘性率は $1.308 \times 10^{-2}\, \mathrm{cm^2/s}$，1 ノット $= 1852\, \mathrm{m/h}$ である．

2. 5.2 節の定常な 2 次元平行流において，流れの圧力勾配が 0 でない，つまり $\alpha \neq 0$ の場合の流速 v_1 を求め，$\alpha > 0$ または $\alpha < 0$ となる場合の流れの特徴を調べよ．ただし，境界条件は，$x_2 = 0$ で $v_1 = 0$，$x_2 = h$ で $v_1 = U$ とする．

3. 円管内を流れるハーゲン-ポアズイユ流は定常流であるから，力のつり合い問題として定式化できる．その力のつり合い式を求め，そこから流速 v_1 の分布(5.25)式を導きなさい．なお，力のつり合い式の導出には，円管の中心軸に沿って流れの向きに x_1 軸をとり，そこからの距離が r と $r+dr$ の円筒面で挟む薄い円筒殻の部分(長さ dx_1)に着目して，円筒殻の上流側断面と下流側断面に働く圧力をそれぞれ $p, p+dp\ (dp < 0)$ とするときの合力と，円筒殻内外面に働く接線応力の合力とがつり合うとする．ただし，圧力勾配は $\alpha \equiv -dp/dx_1$，接線応力 τ はニュートンの摩擦法則から粘性率を η として $\tau = -\eta dv_1/dr\ (dr > 0$ のとき $dv_1 < 0)$ である．

4. 半径 a，密度 σ の球形物体が，密度 ρ，粘性率 η の流体中を落下するとき，一定の時間が経つとゆっくりとした等速度運動するようになる．このときの速度を**終端速度**と呼ぶが，これを求めよ．ただし，重力加速度を g とする．

演習問題の解答

第1章

1. 角 ϕ でのねじれモーメント N は，(1.18)式から

$$N = \frac{\pi G a^4}{2l}\phi$$

であるので，おもりの回転運動の運動方程式は $I d^2\phi/dt^2 = -N$，つまり

$$I\frac{d^2\phi}{dt^2} = -\frac{\pi G a^4}{2l}\phi$$

$$\therefore \quad \frac{d^2\phi}{dt^2} = -\omega^2\phi, \quad \omega = \sqrt{\frac{\pi G a^4}{2Il}} \tag{1}$$

となる．これは単振動の微分方程式であるから，その一般解は，A, B を任意定数として

$$\phi = A\cos(\omega t + B) \tag{2}$$

と表される．このとき，

$$\frac{d\phi}{dt} = -A\omega\sin(\omega t + B)$$

であるから，初期条件：$t = 0$ のとき $\phi = \phi_0$, $d\phi/dt = 0$ を適用すると $A = \phi_0$, $B = 0$ を得て，(2)式は

$$\phi = \phi_0\cos\sqrt{\frac{\pi G a^4}{2Il}}\,t$$

となる．これが角変位 ϕ の時間履歴を表す式である．

また，ねじれ振動の周期 T は，(1)式より

$$T = \frac{2\pi}{\omega} = 2\pi\sqrt{\frac{2Il}{\pi G a^4}}$$

$$\therefore \quad T = \sqrt{\frac{8\pi Il}{G a^4}}$$

と求まる．

2. (1) 図1.A より(1.22)式を使って，次のようになる．

$$I = \int_{-\left(\frac{a}{2}-\frac{c}{2}\right)}^{\frac{a}{2}-\frac{c}{2}} dy \int_{-\frac{d}{2}}^{\frac{d}{2}} z^2 dz + \int_{-\frac{a}{2}}^{\frac{a}{2}} dy \int_{-\frac{b}{2}}^{-\frac{d}{2}} z^2 dz + \int_{\frac{d}{2}}^{\frac{a}{2}} dy \int_{\frac{d}{2}}^{\frac{b}{2}} z^2 dz$$

$$= \left[y\right]_{-\left(\frac{a}{2}-\frac{c}{2}\right)}^{\frac{a}{2}-\frac{c}{2}}\cdot\left[\frac{z^3}{3}\right]_{-\frac{d}{2}}^{\frac{d}{2}} + \left[y\right]_{-\frac{a}{2}}^{\frac{a}{2}}\cdot\left[\frac{z^3}{3}\right]_{-\frac{b}{2}}^{\frac{b}{2}} + \left[y\right]_{-\frac{a}{2}}^{\frac{a}{2}}\cdot\left[\frac{z^3}{3}\right]_{-\frac{b}{2}}^{-\frac{a}{2}}$$

$$= (a-c)\cdot\frac{d^3}{12} + a\left(\frac{b^3}{12} - \frac{d^3}{12}\right) = \frac{1}{12}(ab^3 - cd^3)$$

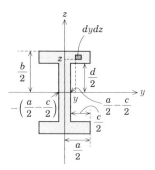

図1.A Iビーム

(2) 1.5節における断面2次モーメントの計算例(2)から，
$$I = \int_b^a \int_0^{2\pi} z^2 r\, d\theta dr = \int_b^a r^3 dr \int_0^{2\pi} \sin^2\theta\, d\theta$$
$$= \frac{1}{4}(a^4 - b^3) \int_0^{2\pi} \frac{1}{2}(1-\cos 2\theta)\, d\theta = \underline{\frac{1}{4}\pi(a^4 - b^4)}$$

となる．

3. 題意を図示すると，図1.Bのようになる．これより，固定端から距離 x における曲げモーメント N は
$$N = \int_x^l (\xi - x) w\, d\xi = \left[\frac{\xi^2}{2} - \xi x\right]_x^l w = \left(\frac{l^2}{2} - lx + \frac{x^2}{2}\right) w = \frac{w}{2}(l-x)^2$$

と計算できるから，この式を(1.29)式に代入してたわみ曲線の方程式は
$$\frac{d^2z}{dx^2} = \frac{w}{2EI}(l-x)^2$$

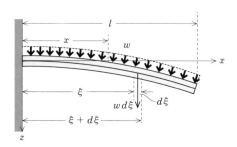

図1.B 等分布荷重による片持ち梁のたわみ

となる．したがって，この両辺を x で積分すれば

$$\frac{dz}{dx} = \frac{w}{2EI}\left(l^2x - lx^2 + \frac{x^3}{3}\right) + C \qquad (C：積分定数)$$

となり，これに境界条件：$x = 0$ で $\frac{dz}{dx} = 0$ を適用すれば $C = 0$ を得て，上式は

$$\frac{dz}{dx} = \frac{w}{2EI}\left(l^2x - lx^2 + \frac{x^3}{3}\right)$$

となる．これをさらに積分すれば

$$z = \frac{w}{2EI}\left(\frac{l^2x^2}{2} - \frac{lx^3}{3} + \frac{x^4}{12}\right) + C' \qquad (C'：積分定数)$$

となるから，境界条件：$x = 0$ で $z = 0$ より $C' = 0$ を得て，上式は

$$z = \frac{w}{24EI}x^2(6l^2 - 4lx + x^2) \tag{1}$$

となる．これが全体のたわみを表す式である．これより，自由端での最大たわみ z_m は，(1)式に $x = l$ を代入して

$$z_m = \frac{wl^4}{8EI} \tag{2}$$

と得られる．

参考 この問題は，質量が一様に分布する自重のある梁などのたわみにも適用できる．

4. 杉の枝の断面2次モーメント I は，(1.25)式から

$$I = \frac{1}{4}\pi a^4 = \frac{1}{4} \times 3.14 \times \left(\frac{6.0}{2} \times 10^{-2}\right)^4 \cong 6.36 \times 10^{-7}\,\mathrm{m}^4$$

である．

また，杉の枝の単位長さ当たりの自重 w_1 は，

$$w_1 = 3.14 \times \left(\frac{0.060}{2}\right)^2 \times 1.0 \times 0.38 \times 10^3 \cong 1.07\,\mathrm{kgf/m}$$

であり，さらに締まり雪による単位長さ当たりの荷重 w_2 は，図1.C のような縦15 cm，横6.0 cm の長方形断面で考えて，

$$w_2 = 0.15 \times 0.060 \times 1.0 \times 0.25 \times 10^3 \cong 2.25\,\mathrm{kgf/m}$$

となるから，全体の単位長さ当たりの荷重 w は，次のようになる．

$$w = w_1 + w_2 = 1.07 + 2.25 = 3.32\,\mathrm{kgf/m}$$

しかるに，枝の先端の最大たわみ z_m は，演習問題3 の(2)式より

$$z_m = \frac{3.32 \times 9.81 \times 2.2^4}{8 \times 7.85 \times 10^9 \times 6.36 \times 10^{-7}} \cong 1.9 \times 10^{-2}\,\mathrm{m} = \underline{1.9\,\mathrm{cm}}$$

と求まる．

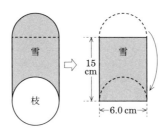

図 1.C 枝に積もった積雪モデル

5. 円柱の断面 2 次モーメントは (1.25) 式 $I = \pi a^4/4$ で与えられるから，これを (1.42) 式に代入すれば，このときのオイラーの座屈荷重 F_{cr} は

$$F_{cr} = \frac{\pi^3 E a^4}{16 l}$$

となる．これより円柱の半径 a について解けば

$$a = \left(\frac{16 F_{cr} l^2}{\pi^3 E} \right)^{\frac{1}{4}}$$

を得る．このとき，安全率を 3.5 とするから，$F_{cr} = 3.5 \times 7.0 \times 10^3 \times 9.8 = 2.4 \times 10^5$ N となるので，円柱の半径 a は

$$a = \left(\frac{16 \times 2.4 \times 10^5 \times 2.5^2}{3.14^3 \times 2.06 \times 10^{11}} \right)^{\frac{1}{4}} \cong 0.044 \text{ m} = 4.4 \text{ cm}$$

と求まる．よって，直径は 2 倍して 8.8 cm と得られる．

6. 図 1.D のように，鉛直下方を z 軸にとり，それに平行な柱 (断面積 $d\sigma$) で物体を切りとったとする．その上面，下面の面積を dS_1, dS_2，またそれらの面に働く圧力を p_1, p_2，さらに上面，下面での外向き法線と z 軸のなす角を θ_1, θ_2 とすると，上面，下面で受ける力の z 軸方向の成分の和 dF は

$$\begin{aligned} dF &= p_1 dS_1 \cos(\pi - \theta_1) - p_2 dS_2 \cos \theta_2 \\ &= p_1 (-dS_1 \cos \theta_1) - p_2 dS_2 \cos \theta_2 = p_1 d\sigma - p_2 d\sigma \\ &= -(p_2 - p_1) d\sigma \end{aligned} \tag{1}$$

となる．ただし，$d\sigma = -dS_1 \cos \theta_1 = dS_2 \cos \theta_2$ である．

一方，柱の上面，下面の座標はそれぞれ z_1, z_2 であるから，この間の圧力差は (1.47) 式より

$$p_2 - p_1 = \rho g \int_{z_1}^{z_2} dz = \rho g (z_2 - z_1) \tag{2}$$

である．

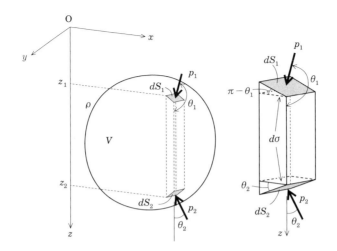

図 1.D アルキメデスの原理

したがって，(2)式を(1)式に代入すれば
$$dF = -\rho g(z_2-z_1)d\sigma = -\rho g dV \tag{3}$$
を得る．ここで，$dV = (z_2-z_1)d\sigma$ であって，柱状部分の体積を表す．(3)式より，任意形状の物体の表面が流体より受ける圧力の合力 F は，
$$F = -\rho g \int_V dV = -\rho V g$$
と求まる．つまり，鉛直上向きに $\rho V g$ の浮力を受けることになる．

参考　上式の最右辺で負の符号を除いた量は，任意形状の物体が排除した流体の重さを表している．つまり，『流体中の物体が流体から受ける力は，鉛直上向きに，それが排除した流体の重さに等しい』，といえる．これを，**アルキメデスの原理**と呼ぶ．

第2章

1. ベンチュリ管内の流体に連続の方程式，つまり質量保存則を適用すると
$$S_1 v_1 = S_2 v_2 \tag{1}$$
となる．また，一つの流線に沿ってベルヌーイの定理を使えば
$$\frac{1}{2}\rho v_1^2 + p_1 = \frac{1}{2}\rho v_2^2 + p_2 \tag{2}$$
を得る．さらに，水銀柱の圧力差は
$$p_1 - p_2 = \sigma g h \tag{3}$$

である．したがって，(2)式と(3)式から圧力差を消去すれば

$$\frac{1}{2}\rho(v_2^2 - v_1^2) = \sigma g h$$

となるから，この式と(1)式から v_2 を消去して

$$\frac{1}{2}\rho v_1^2 \left(\frac{S_1^2}{S_2^2} - 1\right) = \sigma g h$$

を得る．この両辺に S_1^2 を掛けて整理すると

$$(S_1 v_1)^2 = \frac{2\sigma g h}{\rho} \cdot \frac{S_1^2 S_2^2}{S_1^2 - S_2^2}$$

となるので，流量 Q は

$$\underline{Q = S_1 v_1 = S_1 S_2 \sqrt{\frac{2\sigma g h}{\rho(S_1^2 - S_2^2)}}}$$

と求まる．ここで $S_1, S_2, \rho, \sigma, g$ は既知であるから，h を測定すれば流量 Q を知ることができるのである．

2. 自由渦の一つの流線について流線曲率の定理を適用すると，(2.50)式が成り立つから，図 2.A の場合

接線方向： $\dfrac{\partial}{\partial s}\left(\dfrac{1}{2}v^2\right) = -\dfrac{1}{\rho}\dfrac{\partial p}{\partial s}$

法線方向： $\rho\dfrac{v^2}{r} = \dfrac{\partial p}{\partial r}$

となる．ここで，$R = r$, $\partial n = -\partial r$（円の半径方向と $\boldsymbol{n}$ の向きが逆であることに注意）である．両式から dp を消去すると

$$\frac{dv}{v} + \frac{dr}{r} = 0$$

となるので，これを積分すれば

$\ln v + \ln r =$ 一定，または $\ln vr =$ 一定，あるいは $\underline{vr =$ 一定$}$ を得る．

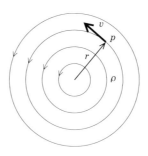

図 2.A 自由渦の流れ

この最後の結果は，自由渦での流速 v と渦の半径 r は反比例することを示している．

3. 題意を図示すると図 2.B のようになる．図から物体の受ける力 $\boldsymbol{F}$ は
$$\boldsymbol{F} = -\oint_C p\boldsymbol{n}\,ds$$
と表されるから，この複素数表示は
$$F_1 - iF_2 = -\oint_C p\cos\theta\,ds - i\oint_C p\sin\theta\,ds = \oint_C(-p\,dx_2 - ip\,dx_1)$$
$$= -i\oint_C p(dx_1 - i\,dx_2) = -i\oint_C p\,d\bar{z} \tag{1}$$
となる．ここで，複素数 $z = x_1 + ix_2$ の共役複素数は $\bar{z} = x_1 - ix_2$ であるから，$d\bar{z} = dx_1 - i\,dx_2$ である．この式で，圧力 p はベルヌーイの定理より与えられるが，物体が流体からの力以外の外力を受けない（$\Omega = 0$）とすると，(2.37)式と(2.32)式から
$$p = c(一定) - \frac{1}{2}\rho v^2 \tag{2}$$
となる．したがって，(2)式を(1)式に代入すれば
$$F_1 - iF_2 = -i\oint_C \left(c - \frac{1}{2}\rho v^2\right)d\bar{z} = \frac{i\rho}{2}\oint_C v^2\,d\bar{z} \tag{3}$$
となる．ここで $c(一定)$ の周回積分は 0 である．

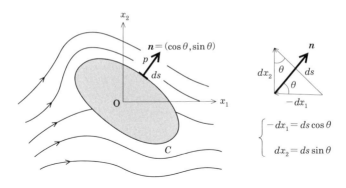

図 2.B 流体中の柱状物体(1)

ところで，物体の表面は流線の一つになっているから，$\Psi = 一定$ である．したがって，(2.62)式から
$$df = d\Phi + id\Psi = d\Phi$$
$$\overline{df} = d\Phi - id\Psi = d\Phi$$
$$\therefore \quad df = \overline{df}$$

である．このことを踏まえると，(3)式の $v^2 d\bar{z}$ は

$$v^2 d\bar{z} = \frac{df}{dz}\frac{\overline{df}}{d\bar{z}}d\bar{z} = \frac{df}{dz}\overline{df} = \frac{df}{dz}df = \left(\frac{df}{dz}\right)^2 dz$$

と変形できるから，これを(3)式に代入すればブラジウスの第1公式

$$\underline{F_1 - iF_2 = \frac{i\rho}{2}\oint_C \left(\frac{df}{dz}\right)^2 dz}$$

が得られる．

また，物体表面上の微小線素 ds に働く力の x_1, x_2 成分をそれぞれ dF_1, dF_2 とすると，図 2.C からそれらは

$$dF_1 = -pds\cos\theta = -pdx_2$$
$$dF_2 = -pds\sin\theta = pdx_1$$

と表されるから，これらの力の原点 O のまわりのモーメント M は

$$M = \oint_C (x_1 dF_2 - y dF_1) = \oint_C (px_1 dx_1 + px_2 dx_2) = \oint_C p\left\{d\left(\frac{x_1^2}{2}\right) + d\left(\frac{x_2^2}{2}\right)\right\}$$
$$= \frac{1}{2}\oint_C pd(x_1^2 + x_2^2) = \frac{1}{2}\oint_C pd(z\bar{z})$$

となる．そこで，これに(2)式を代入すれば

$$M = \frac{1}{2}\oint_C \left(c - \frac{1}{2}\rho v^2\right) d(z\bar{z}) = -\frac{\rho}{4}\oint_C v^2 d(z\bar{z}) \tag{4}$$

となるが，ここで $d(z\bar{z}) = zd\bar{z} + \bar{z}dz = zd\bar{z} + \overline{zd\bar{z}} = 2\operatorname{Re}(zd\bar{z})$ であることを考慮すると

$$v^2 d(z\bar{z}) = 2\operatorname{Re}(v^2 zd\bar{z}) = 2\operatorname{Re}\left(\frac{df}{dz}\frac{\overline{df}}{d\bar{z}}zd\bar{z}\right) = 2\operatorname{Re}\left(\frac{df}{dz}\overline{df}z\right)$$

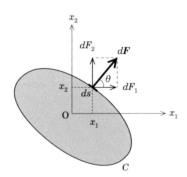

図 2. C 流体中の柱状物体(2)

$$= 2\,\mathrm{Re}\left(\frac{df}{dz}df\,z\right) = 2\,\mathrm{Re}\left\{\left(\frac{df}{dz}\right)^2 z\,dz\right\}$$

となるので，これを(4)式に代入すればブラジウスの第2公式

$$M = -\frac{\rho}{2}\,\mathrm{Re}\left\{\oint_C \left(\frac{df}{dz}\right)^2 z\,dz\right\}$$

が得られる．

4. 円柱の周りの流れの複素速度ポテンシャルは(2.88)式で与えられるから，複素速度は(2.89)式，つまり

$$\frac{df}{dz} = U\left(1-\frac{a^2}{z^2}\right) - i\frac{\Gamma}{2\pi z} \qquad (\Gamma < 0)$$

である．そこで，この式を二乗すると

$$\left(\frac{df}{dz}\right)^2 = U^2\left(1-\frac{2a^2}{z^2}+\frac{a^4}{z^4}\right) - i\frac{U\Gamma}{\pi}\left(\frac{1}{z}-\frac{a^2}{z^3}\right) + \frac{\Gamma^2}{4\pi^2 z^2}$$

となるから，これをブラジウスの公式に代入すれば円柱に働く力とモーメントが求められる．この計算に当たって，原点 O を含む円柱面に沿った閉曲線 C について複素関数におけるコーシーの定理：

$$\oint_C z^m dz = \begin{cases} 0 & (m \neq -1) \\ 2\pi i & (m = -1) \end{cases}$$

を使うと，円柱の受ける力は

$$F_1 - iF_2 = \frac{i\rho}{2}\oint_C \left(\frac{df}{dz}\right)^2 dz = \frac{i\rho}{2}\left(-i\frac{U\Gamma}{\pi}\right)\cdot 2\pi i = i\rho U\Gamma$$

と求められる．つまり，

$$F_1 = \underline{0}, \qquad F_2 = \underline{-\rho U\Gamma}$$

である．この第1式は，流れの向きに抗力を生じないことを意味し，ダランベールのパラドックスを表している．また，第2式は，流れに垂直で x_2 軸の向きに大きさ $\rho U|\Gamma|$（$\Gamma < 0$：循環は時計回り）の揚力が作用することを意味する，クッタ–ジューコフスキーの定理を表している．

また，モーメントは

$$M = -\frac{\rho}{2}\,\mathrm{Re}\left\{\oint_C \left(\frac{df}{dz}\right)^2 z\,dz\right\} = -\frac{\rho}{2}\,\mathrm{Re}\left\{\left(-2a^2 U^2 + \frac{\Gamma^2}{4\pi^2}\right)\cdot 2\pi i\right\} = \underline{0}$$

となって，作用しないことが示される．

参考 ここでは杜状物体の縁を閉曲線 C としたが，流れの場に物体以外の湧き出しや吸い込み，あるいは渦点などの特異点を含まない閉曲線であれば，どのように選んでもよい．

第3章

1. 応力テンソルを τ_{ij}, 歪みテンソルを ε_{kl} とすると, 線形弾性体ではフックの法則を意味する(3.42)式, つまり

$$\tau_{ij} = C_{ijkl}\varepsilon_{kl} \quad (C_{ijkl}:\text{弾性定数テンソル}) \tag{1}$$

が成り立つ. ここで, 応力テンソルと歪みテンソルはそれぞれ(3.9)式 $\tau_{ji} = \tau_{ij}$ および(3.17)式 $\varepsilon_{kl} = \varepsilon_{lk}$ の性質をもつから対称テンソルである. したがって, $\tau_{ji} = \tau_{ij}$ のとき(1)式は $\tau_{ji} = C_{jikl}\varepsilon_{kl}$ と書けるので, これと(1)式との比較から

$$C_{ijkl} = C_{jikl} \tag{2}$$

を得る. また, $\varepsilon_{kl} = \varepsilon_{lk}$ のとき, (1)式は $\tau_{ij} = C_{ijlk}\varepsilon_{lk}$ となるから, これと(1)式を比較して

$$C_{ijkl} = C_{ijlk} \tag{3}$$

を得る. つまり, (2)式と(3)式は, C_{ijkl} が添え字 ij と kl に関して対称であることを示している. このとき, (i)式は

$$C_{jikl} = \lambda\delta_{ji}\delta_{kl} + \mu(\delta_{jk}\delta_{il} + \delta_{jl}\delta_{ik}) + \nu(\delta_{jk}\delta_{il} - \delta_{jl}\delta_{ik}) \tag{4}$$

$$C_{ijlk} = \lambda\delta_{ij}\delta_{lk} + \mu(\delta_{il}\delta_{jk} + \delta_{ik}\delta_{jl}) + \nu(\delta_{jl}\delta_{ik} - \delta_{jk}\delta_{il}) \tag{5}$$

のようにも書けることになるから, (i)=(4), (i)=(5)であるためには, (i)式で $\nu = 0$ でなければならない. よって, (ii)式を得る.

2. 図3.Aのような直方体形の等方性線形弾性体を考え, この弾性体の互いに直交する稜を x_1 軸, x_2 軸, x_3 軸として, 弾性体の各面に法線応力 $\tau_{11}, \tau_{22}, \tau_{33}$ および接線応力 $\tau_{12}, \tau_{23}, \tau_{32}$ を加えるものとする. このとき, x_1 軸方向の歪み ε_{11} は τ_{11}/E と $-\sigma\tau_{22}/E$ および $-\sigma\tau_{33}/E$ の和で与えられるから,

$$\varepsilon_{11} = \frac{\tau_{11}}{E} - \sigma\frac{\tau_{22}}{E} - \sigma\frac{\tau_{33}}{E} = \frac{\tau_{11} - \sigma(\tau_{22} + \tau_{33})}{E}$$

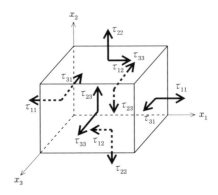

図3.A 弾性体の各面に加えた垂直応力

と表される．同様にして，x_2 軸，x_3 軸方向の歪み $\varepsilon_{22}, \varepsilon_{33}$ も

$$\varepsilon_{22} = \frac{\tau_{22} - \sigma(\tau_{33} + \tau_{11})}{E}, \qquad \varepsilon_{33} = \frac{\tau_{33} - \sigma(\tau_{11} + \tau_{22})}{E}$$

となる．したがって，これらの式から(1.13)式を使って E を消去すれば

$$\varepsilon_{ii} = \frac{1}{2G}\left(\tau_{ii} - \frac{\sigma}{1+\sigma}\tau_{kk}\right) \qquad (i = 1, 2, 3) \tag{1}$$

また，x_1 軸方向の接線応力 τ_{12} による歪み ε_{12} は，(3.59)式と(1.12)式から

$$\varepsilon_{12} = \frac{1}{2}\theta = \frac{\tau_{12}}{2G}$$

である．同様にして，x_2 軸，x_3 軸方向の接線応力 τ_{23}, τ_{31} による歪み $\varepsilon_{23}, \varepsilon_{31}$ も

$$\varepsilon_{23} = \frac{\tau_{23}}{2G}, \qquad \varepsilon_{31} = \frac{\tau_{31}}{2G}$$

と求まる．したがって，以上を一つにまとめると

$$\varepsilon_{ij} = \frac{\tau_{ij}}{2G} \qquad (i, j = 1, 2, 3, \ i \neq j) \tag{2}$$

となる．

しかるに，(1)式と(2)式を一つにまとめれば

$$\varepsilon_{ij} = \frac{1}{2G}\left(\tau_{ij} - \frac{\sigma}{1+\sigma}\tau_{kk}\delta_{ij}\right) \qquad (i, j = 1, 2, 3) \tag{3}$$

と表される．

次に，(1)式から

$$\varepsilon_{kk} = \varepsilon_{11} + \varepsilon_{22} + \varepsilon_{33} = \frac{1}{2G}\left\{(\tau_{11} + \tau_{22} + \tau_{33}) - \frac{3\sigma}{1+\sigma}\tau_{kk}\right\}$$

$$= \frac{1}{2G}\left(\tau_{kk} - \frac{3\sigma}{1+\sigma}\tau_{kk}\right) = \frac{1-2\sigma}{2G(1+\sigma)}\tau_{kk}$$

$$\therefore \quad \tau_{kk} = \frac{2G(1+\sigma)}{1-2\sigma}\varepsilon_{kk} \tag{4}$$

を得るので，(4)式を(3)式に代入し，τ_{ij} について解き直した後(3.60)式を使えば

$$\tau_{ij} = \frac{2\sigma\mu}{1-2\sigma}\varepsilon_{kk}\delta_{ij} + 2\mu\varepsilon_{ij} \tag{5}$$

を得る．ここで，さらに(3.53)式から E を消去した

$$\lambda = \frac{2\sigma\mu}{1-2\sigma} \tag{6}$$

を使えば，(5)式は

$$\underline{\tau_{ij} = \lambda\varepsilon_{kk}\delta_{ij} + 2\mu\varepsilon_{ij}} \qquad (i, j = 1, 2, 3)$$

と表されて，等方性線形弾性体の一般化されたフックの法則が導かれる．

3. 非圧縮性ストークス流体の流れの場における応力 τ_{ij} は，(3.72)式と(3.31b)式から

$$\tau_{ij} = -p\delta_{ij} + \eta\left(\frac{\partial v_i}{\partial x_j} + \frac{\partial v_j}{\partial x_i}\right) \qquad (i, j = 1, 2, 3)$$

で与えられるので，これより次のようになる．

$$\tau_{11} = -p + 2\eta\frac{\partial v_1}{\partial x_1} = -p$$

$$\tau_{22} = -p + 2\eta\frac{\partial v_2}{\partial x_2} = -p$$

$$\tau_{33} = -p + 2\eta\frac{\partial v_3}{\partial x_3} = -p$$

$$\therefore \quad \underline{\tau_{11} = \tau_{22} = \tau_{33} = -p}$$

$$\underline{\tau_{12}} = \eta\left(\frac{\partial v_1}{\partial x_2} + \frac{\partial v_2}{\partial x_1}\right) = \frac{\alpha}{4}\cdot(-2x_2) = \underline{-\frac{\alpha}{2}x_2}$$

$$\underline{\tau_{13}} = \eta\left(\frac{\partial v_1}{\partial x_3} + \frac{\partial v_3}{\partial x_1}\right) = \frac{\alpha}{4}\cdot(-2x_3) = \underline{-\frac{\alpha}{2}x_3}$$

$$\underline{\tau_{23}} = \eta\left(\frac{\partial v_2}{\partial x_3} + \frac{\partial v_3}{\partial x_2}\right) = \underline{0}$$

ここから，接線応力は管壁に平行で流れと逆向きに作用し，その大きさは円管の中心軸から壁面に向かって増加することがわかる．この流れをハーゲン-ポアズイユ流と呼び，5.2節で詳しく取り上げられる．

第4章

1. 弾性体の表面におけるレイリー波の条件から，弾性体の各要素（連続体粒子）の変位ベクトル $\boldsymbol{s} = (s_1, s_2, s_3)$（ただし，$s_2 = 0$）は(4.25)式と(4.28)式から与えられ，

$$s_1 = s_{l1} + s_{t1} = kae^{(-K_l x_3 + i(kx_1 - \omega t))} + K_t be^{-K_t x_3 + i(kx_1 - \omega t)} \tag{1}$$

$$s_3 = s_{l3} + s_{t3} = iK_l ae^{(-K_l x_3 + i(kx_1 - \omega t))} + ikbe^{-K_t x_3 + i(kx_1 - \omega t)} \tag{2}$$

である．実際の動きは(1)式，(2)式の実部をとったものになるから，

$$s_1 = (kae^{-K_l x_3} + K_t be^{-K_t x_3})\cos(kx_1 - \omega t) \tag{3}$$

$$s_3 = -i(K_l ae^{-K_l x_3} + kbe^{-K_t x_3})\sin(kx_1 - \omega t) \tag{4}$$

となる．ここで，定数 a, b は独立ではなく，(4.29)式の第1式の関係で結びついていることに注意すると

$$b = -\frac{2kK_l}{K_t^2 + k^2}a$$

を得るから，これを(3)式，(4)式に代入して

$$\underline{s_1 = ka\left(e^{-K_l x_3} - \frac{2K_l K_t}{K_t^2 + k^2}e^{-K_t x_3}\right)\cos(kx_1 - \omega t)} \tag{5}$$

$$\underline{s_3 = K_l a\left(-e^{-K_l x_3} + \frac{2k^2}{K_t^2 + k^2}e^{-K_t x_3}\right)\sin(kx_1 - \omega t)} \tag{6}$$

156

なる最終結果を得る.

(5)式,(6)式は楕円のパラメータ表示であって,x_1 軸と x_3 軸がその主軸に一致していることがわかる.また,振幅は $x_3 = 0$ の弾性体表面から離れると急速に減少することを表しており,表面波の特徴をそなえていることもわかる.さらに,位相 $\phi \equiv kx_1 - \omega t$ は,場所 x_1 を固定すると kx_1 は一定値であり,一方で ωt は時間 t の経過とともに増加するから ϕ は次第に減少する変化を示す.これは,弾性体の要素(連続体粒子)が反時計回りに運動することを表しており,その動きは図 4.1 または次問 2 の図 4.A に見るようである.

2. $\sigma = 0.25$ のとき,(4.35)式から $c_t^2/c_l^2 = 1/3$ となるので,レイリーの方程式(4.34)式は

$$3\xi^6 - 24\xi^4 + 56\xi^2 - 32 = 0$$

となる.因数定理を用いて因数分解すれば

$$(\xi^2 - 4)(3\xi^4 - 12\xi^2 + 8) = 0$$

となり,この解は

$$\xi^2 = 4,\ 2 + \frac{2}{\sqrt{3}},\ 2 - \frac{2}{\sqrt{3}}$$

と求まる.レイリー波では $\omega = c_r k$ であるから,(4.18)式と(4.19)式は

$$K_l = k\sqrt{1 - \frac{c_r^2}{c_l^2}} = k\sqrt{1 - \frac{c_t^2}{c_l^2}\frac{c_r^2}{c_t^2}} = k\sqrt{1 - \frac{1}{3}\xi^2} \tag{1}$$

$$K_t = k\sqrt{1 - \frac{c_r^2}{c_t^2}} = k\sqrt{1 - \xi^2} \tag{2}$$

と表されて,ともに実数でなければならない.上の解を検討すると

$$\xi^2 = 4 \text{ のとき},\ \frac{K_l^2}{k^2} = 1 - \frac{1}{3}\cdot 4 = -\frac{1}{3} < 0 : \text{不適}$$

$$\xi^2 = 2 + \frac{2}{\sqrt{3}} \text{ のとき},\ \frac{K_l^2}{k^2} = 1 - \frac{1}{3}\left(2 + \frac{2}{\sqrt{3}}\right) \cong -0.05 < 0 : \text{不適}$$

$$\xi^2 = 2 - \frac{2}{\sqrt{3}} \text{ のとき},\ \frac{K_l^2}{k^2} = 1 - \frac{1}{3}\left(2 - \frac{2}{\sqrt{3}}\right) \cong 0.72 > 0 : \text{適}$$

$$\frac{K_t^2}{k^2} = 1 - \left(2 - \frac{2}{\sqrt{3}}\right) \cong 0.15 > 0 : \text{適}$$

となり,三つ目の解のみが適することになって,

$$\xi^2 = 2 - \frac{2}{\sqrt{3}} \cong 0.84529946$$

$$\therefore\ \underline{\xi = 0.9194}$$

と求まる.これが,実際に生じるレイリー波を表している.このとき,(1)式と(2)式から

$$K_l = k\sqrt{1 - \frac{1}{3} \cdot 0.84529946} \cong 0.8475k$$
$$K_t = k\sqrt{1 - 0.84529946} \cong 0.3933k$$
を得るので，前問 1 の(5)式，(6)式は
$$s_1 = ka(e^{-0.8475kx_3} - 0.5773e^{-0.3933kx_3})\cos(kx_1 - \omega t)$$
$$s_3 = ka(-0.8475e^{-0.8475kx_3} + 1.4679e^{-0.3933kx_3})\sin(kx_1 - \omega t)$$
のように表される．ここで $A_{l1} = ka$ ($A_{l1} > 0$, 4.1節中のレイリー波を参照)を使うと，地表 ($x_3 = 0$) では，上の二式は
$$s_1 = 0.4227A_{l1}\cos(kx_1 - \omega t)$$
$$s_3 = 0.6204A_{l1}\sin(kx_1 - \omega t)$$
となるから，これより三角関数を消去すれば
$$\frac{s_1^2}{(0.4227A_{l1})^2} + \frac{s_3^2}{(0.6204A_{l1})^2} = 1$$
となって，楕円の方程式が得られる．ここから，長軸は x_3 軸に，また短軸は x_1 軸に一致することがわかる(図4.A)．

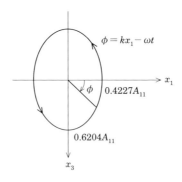

図4.A 地表面の動き

参考 $\sigma = 0.25$ のとき，(3.53)式または第3章演習問題2の解答中の(6)式から，$\lambda = \mu$ の関係が得られる．つまり，二つのラメの定数が一致する場合にあたる．

3. 運動方程式は(4.36)式で与えられるが，ここでは(1.4)式と(3.15a)式から $\tau_{11} = E(\partial s_1/\partial x_1)$ であることを考慮すると，
$$\frac{\partial^2 s_1}{\partial t^2} = \frac{c^2}{E}\frac{\partial}{\partial x_1}\left(E\frac{\partial s_1}{\partial x_1}\right)$$

$$\therefore \quad \frac{\partial^2 s_1}{\partial t^2} = \frac{c^2}{E}\frac{\partial \tau_{11}}{\partial x_1} \tag{1}$$

と変形できる.

一方, 歪み ε_{11} と弾性体の各要素の変位 s_{11} との間には(3.15a)式より $\varepsilon_{11} = \partial s_1 / \partial x_1$ の関係があるから, このときの応力と歪みの関係式は

$$\tau_{11} = E\varepsilon_{11} + F\frac{\partial \varepsilon_{11}}{\partial t}$$

$$\therefore \quad \tau_{11} = E\frac{\partial s_1}{\partial x_1} + F\frac{\partial^2 s_1}{\partial t \partial x_1} \tag{2}$$

と表される.

したがって, 運動方程式は, 最終的には(2)式を(1)式に代入して

$$\frac{\partial^2 s_1}{\partial t^2} = c^2\left(\frac{\partial^2 s_1}{\partial x_1^2} + \frac{F}{E}\frac{\partial^3 s_1}{\partial t \partial x_1^2}\right) \tag{3}$$

という形式になる.

さて, s_1 は x_1 と t の関数であるが, それは t の関数 $f(t)$ と x_1 の関数 $g(x_1)$ の積からなるものとすると

$$s_1(x_1, t) = f(t)g(x_1) \tag{4}$$

と書けて, これより

$$\frac{\partial^2 s_1}{\partial t^2} = g(x_1)\frac{d^2 f(t)}{dt^2}, \qquad \frac{\partial^2 s_1}{\partial x_1^2} = f(t)\frac{d^2 g(x_1)}{dx_1^2}$$

$$\frac{\partial^3 s_1}{\partial t \partial x_1^2} = \frac{\partial}{\partial t}\left(\frac{\partial^2 s_1}{\partial x_1^2}\right) = \frac{\partial}{\partial t}\left\{f(t)\frac{d^2 g(x_1)}{dx_1^2}\right\} = \frac{df(t)}{dt}\cdot\frac{d^2 g(x_1)}{dx_1^2}$$

となるから, (3)式は

$$g(x_1)\frac{d^2 f(t)}{dt^2} = c^2\left\{f(t)\frac{d^2 g(x_1)}{dx_1^2} + \frac{F}{E}\cdot\frac{df(t)}{dt}\cdot\frac{d^2 g(x_1)}{dx_1^2}\right\}$$

$$\therefore \quad g(x_1)\frac{d^2 f(t)}{dt^2} = c^2\left\{f(t) + \frac{F}{E}\cdot\frac{df(t)}{dt}\right\}\frac{d^2 g(x_1)}{dx_1^2}$$

と整理される. これは変数分離型の形式であるので, 分離すると

$$\frac{1}{f(t) + \dfrac{F}{E}\cdot\dfrac{df(t)}{dt}}\cdot\frac{d^2 f(t)}{dt^2} = \frac{c^2}{g(x_1)}\frac{d^2 g(x_1)}{dx_1^2} \tag{5}$$

となる. ここでは周期解を想定しているから, (5) $= -\omega^2$ と置けば上式は

$$\frac{d^2 f(t)}{dt^2} + \frac{\omega^2 F}{E}\cdot\frac{df(t)}{dt} + \omega^2 f(t) = 0 \tag{6}$$

$$\frac{d^2 g(x_1)}{dx_1^2} = -\frac{\omega^2}{c^2}g(x_1) \tag{7}$$

のような二式に分離される. (6)式は減衰係数 $\omega^2 F / E$ の減衰振動の, また(7)式は調和振動の微分方程式であるので, その一般解はそれぞれ

$$f(t) = e^{-\frac{\omega^2 F}{2E}t}\left\{C_1 \cos\sqrt{\omega^2 - \left(\frac{\omega^2 F}{2E}\right)^2}\cdot t + C_2 \sin\sqrt{\omega^2 - \left(\frac{\omega^2 F}{2E}\right)^2}\cdot t\right\} \qquad (8)$$

$$g(x_1) = C_3 \cos\frac{\omega}{c}x_1 + C_4 \sin\frac{\omega}{c}x_1 \qquad (9)$$

となる.ここで,C_1, C_2, C_3, C_4 は任意定数である.(3)式は線形偏微分方程式であるから解の重ね合わせが可能で,これを考慮すると(3)式の一般解は(8)式と(9)式を使って(4)式から

$$s_1(x_1, t) = \sum_{n=1}^{\infty} e^{-\frac{\omega^2 F}{2E}t}\left\{C_{1n}\cos\sqrt{\omega^2 - \left(\frac{\omega^2 F}{2E}\right)^2}\cdot t + C_{2n}\sin\sqrt{\omega^2 - \left(\frac{\omega^2 F}{2E}\right)^2}\cdot t\right\}$$
$$\times \left(C_{3n}\cos\frac{\omega}{c}x_1 + C_{4n}\sin\frac{\omega}{c}x_1\right)$$

と表される.ここに,$c^2 = E/\rho$ である.

4. 弦を水平に張った状態に沿って x_1 軸を,それに垂直に鉛直上向きに x_2 軸を設定する.弦が x_2 方向にわずかに変位した状態で,弦の接近した二点 P, Q の部分を考える(図4.B).二点 P, Q において張力 S が x_1 軸となす微小角を α, β とすると,張力の x_1 成分は,α, β が微小角であることから $\cos\alpha = \cos\beta \cong 1$ となるので,$S\cos\beta - S\cos\alpha \cong 0$ となる.

次に,x_2 方向の運動を考える.座標 x_1 の点 P における張力 S の x_2 成分は,図4.B より

$$-S\sin\alpha \cong -S\tan\alpha = -S\frac{\partial x_2(x_1, t)}{\partial x_1}$$

となり,座標 $x_1 + \Delta x_1$ の点 Q における張力 S の x_2 成分は,

$$S\sin\beta \cong S\tan\beta = S\frac{\partial x_2(x_1 + \Delta x_1, t)}{\partial x_1}$$

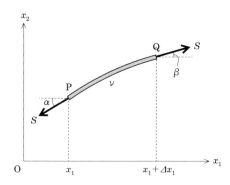

図4.B 振動する弦

となる．したがって，x_2 方向の合力は上記二力の和で与えられるから

$$S\frac{\partial x_2(x_1+\Delta x_1, t)}{\partial x_1} - S\frac{\partial x_2(x_1, t)}{\partial x_1} = S\frac{\partial}{\partial x_1}\{x_2(x_1+\Delta x_1, t) - x_2(x_1, t)\}$$

$$\cong S\frac{\partial}{\partial x_1}\frac{\partial x_2(x_1, t)}{\partial x_1}\Delta x_1 = S\frac{\partial^2 x_2}{\partial x_1^2}\Delta x_1$$

となる．

しかるに，PQ 部分の弦の質量は $\nu\Delta x_1$ であるので，弦の PQ 部分の運動方程式は

$$\nu\Delta x_1\frac{\partial^2 x_2}{\partial t^2} = S\frac{\partial^2 x_2}{\partial x_1^2}\Delta x_1$$

$$\therefore \quad \frac{\partial^2 x_2}{\partial t^2} = \frac{S}{\nu}\frac{\partial^2 x_2}{\partial x_1^2}$$

と得られる．この最後の結果は 1 次元の波動方程式であるから，弦を伝わる横波の速さ c は

$$c = \sqrt{\frac{S}{\nu}}$$

と求まる．

第5章

1. 13 ノット $= \dfrac{13\times1852}{3600} = 6.688\,\mathrm{m/s}$ であるから，(5.6a)式よりレイノルズ数 R_e は

$$R_e = \frac{0.40\times6.688}{1.308\times10^{-2}\times10^{-4}} = 2.05\times10^6 \cong \underline{2.1\times10^6}$$

となる．

2. 題意から，$\partial/\partial t = 0$ および v_1 は x_2 のみの関数であり $\alpha \neq 0$ であるので，流れの運動方程式は(5.12)式より

$$\frac{\partial^2 v_1}{\partial x_2^2} = -\frac{\alpha}{\eta}$$

と表される．この式を二回積分すると

$$v_1 = -\frac{\alpha}{2\eta}x_2^2 + Cx_2 + C' \tag{1}$$

を得て，ここに C, C' は積分定数である．そこで，(1)式に境界条件：$x_2 = 0$ で $v_1 = 0$，$x_2 = h$ で $v_1 = U$ を適用すると

$$C - \frac{U}{h} + \frac{\alpha}{2\eta}h, \qquad C' = 0$$

と求まる．したがって，これら定数を(1)式に代入すれば，流速 v_1 は

$$v_1 = \frac{U}{h}x_2 + \frac{\alpha}{2\eta}x_2(h - x_2) \tag{2}$$

と定まる．(2)式から流れの特徴として，$\alpha > 0$ のとき流れの方向に圧力は下降して

流速は増加するが，$\alpha < 0$ となるとき圧力は上昇して流速は減少することがわかる．

参考　いま，
$$P \equiv \frac{h^2\alpha}{2\eta U}$$
を定義すると，(2)式は
$$v_1 = U\left\{\frac{x_2}{h} + P\frac{x_2}{h}\left(1 - \frac{x_2}{h}\right)\right\} \tag{3}$$
と書けるから，P のいくつかの値に対する速度分布を描くと図 5.A のようになる．このとき流れの速度勾配は，(3)式より
$$\frac{\partial v_1}{\partial x_2} = \frac{U}{h}(1+P) - PU\frac{2x_2}{h^2} \tag{4}$$
と求まるので，(4)式に $x_2 = 0$ を代入して固定面での流れの様子を見ると，$P < -1$ のとき $\partial v_1/\partial x_2 < 0$ となって，逆流が発生することを示している．このような現象は軸受けの油の層などに見受けられる．

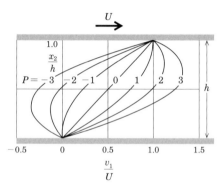

図 5.A　P をパラメータとする $\frac{v_1}{U}$ と $\frac{x_2}{h}$ の関係

3. 流体中の円筒殻に働く力を描くと，図 5.B のようになる．これより円筒殻の上流側断面と下流側断面に働く圧力による合力 F_1 は
$$F_1 = p \cdot 2\pi r \cdot dr - (p + dp) \cdot 2\pi r \cdot dr$$
$$= -dp \cdot 2\pi r \cdot dr$$
となり，また，円筒殻内側面と外側面に働く接線応力による合力 F_2 は
$$F_2 = \tau_r \cdot 2\pi r \cdot dx_1 - \tau_{r+dr} \cdot 2\pi(r + dr) \cdot dx_1$$
$$= \left(-\eta\frac{dv_1}{dr}\right)_r \cdot 2\pi r \cdot dx_1 - \left(-\eta\frac{dv_1}{dr}\right)_{r+dr} \cdot 2\pi(r+dr) \cdot dx_1$$

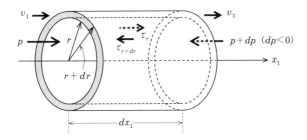

図 5.B 円筒殻に働く圧力と接線応力

$$\cong \left(-\eta\frac{dv_1}{dr}\right)_r \cdot 2\pi r \cdot dx_1 - \left(-\eta\frac{dv_1}{dr}\right)_{r+dr} \cdot 2\pi r \cdot dx_1$$

$$= \left\{\left(r\frac{dv_1}{dr}\right)_{r+dr} - \left(r\frac{dv_1}{dr}\right)_r\right\} \cdot 2\pi\eta \cdot dx_1 \cong \frac{d}{dr}\left(r\frac{dv_1}{dr}\right)dr \cdot 2\pi\eta \cdot dx_1$$

となる.ここで,添え字の r は括弧内の量の r における値を意味し,式変形の最後の結果は近似公式 $f(x+dx)-f(x) \cong f'(x)dx$ を用いた.

題意より,これらの力の和が 0,つまり $F_1+F_2=0$ であることから,

$$-dp \cdot 2\pi r \cdot dr + \frac{d}{dr}\left(r\frac{dv_1}{dr}\right)dr \cdot 2\pi\eta \cdot dx_1 = 0$$

$$\therefore \quad \frac{d}{dr}\left(r\frac{dv_1}{dr}\right) = -\frac{1}{\eta}\left(-\frac{dp}{dx_1}\right)r$$

を得る.さらに,これを α を使って書き直せば

$$\frac{d}{dr}\left(r\frac{dv_1}{dr}\right) = -\frac{\alpha}{\eta}r$$

となる.したがって,この両辺を r で積分すれば

$$r\frac{dv_1}{dr} = -\frac{\alpha}{2\eta}r^2 + C \qquad (C:\text{積分定数})$$

を得るから,境界条件:$r=a$ で $dv_1/dr=0$ を適用すると,$C=0$ となって

$$\frac{dv_1}{dr} = -\frac{\alpha}{2\eta}r$$

となる.さらにこの両辺を r で積分すれば

$$v_1 = -\frac{\alpha}{4\eta}r^2 + C' \qquad (C':\text{積分定数})$$

となるが,境界条件:$r=a$ で $v_1=0$ を使うと $C'=\alpha a^2/(4\eta)$ を得て,上式は

$$v_1 = \frac{\alpha}{4\eta}(a^2-r^2)$$

となって,(5.25)式が求められる.

4. 球形物体の終端速度を v_∞ とすると，球形物体に働く力は，鉛直上向きに流体による抗力 $6\pi\eta a v_\infty$（ストークスの抵抗法則）と浮力 $(4/3)\pi a^3\rho g$ で，鉛直下向きには重力 $(4/3)\pi a^3\sigma g$ である．したがって，球形物体が等速度運動するとき，上向きの力と下向きの力はつりあうので，力のつりあい式は

$$6\pi\eta a v_\infty + \frac{4}{3}\pi a^3\rho g = \frac{4}{3}\pi a^3\sigma g$$

となる．これより終端速度は

$$v_\infty = \frac{2a^2(\sigma-\rho)g}{9\eta}$$

と求まる．

参考文献

連続体の力学に関するもの

[1] 佐野 理：『連続体の力学』(基礎物理学選書 26)，裳華房(2008)

[2] 松信八十男：『連続体力学 —— 流体および弾性体』(新物理学ライブラリ 3)，サイエンス社(1995)

[3] 松信八十男：『変形と流れの力学』(基礎の物理 2)，朝倉書店(1981)

[4] 巽 友正：『連続体の力学』(岩波基礎物理シリーズ 2)，岩波書店(1995)

[5] 恒藤敏彦：『弾性体と流体』(物理入門コース 8)，岩波書店(1983)

[6] Y. C. ファン(大橋義夫，村上澄男，神谷紀生 共訳)：『連続体の力学入門』，培風館(1974)

[7] 角谷典彦：『連続体力学』(共立物理学講座 7)，共立出版(1969)

弾性体力学に関するもの

[8] 中島淳一，三浦 哲：『弾性体力学 —— 変形の物理を理解するために』，共立出版(2014)

[9] 萩 博次：『弾性力学』，共立出版(2011)

[10] 平 修二：『現代弾性力学』，オーム社(1974)

[11] 進藤裕英：『線形弾性論の基礎』，コロナ社(2004)

[12] 川田雄一：『材料力学 —— 基礎と強度設計』(技術シリーズ 3)，裳華房(1975)

流体力学に関するもの

[13] 今井 功：『流体力学』(物理テキストシリーズ 9)，岩波書店(1993)

[14] 今井 功：『流体力学(前編)』(物理学選書 14)，裳華房(1973)

[15] 巽 友正：『流体力学』(新物理学シリーズ 21)，培風館(1982)

[16] 阿坂三郎：『流体力学Ⅰ —— 完全流体の力学』(応用力学講座 15)，共立出版(1966)

[17] 玉木章夫：『流体力学Ⅱ —— 圧縮性流体および粘性流体の力学』(応用力学講座 16)，共立出版(1966)

索引

【あ行】

圧縮応力 compressive stress······005
圧縮率 compressibility······009
圧力 pressure······026
圧力関数 pressure function······047
圧力項 pressure term······101
圧力方程式 pressure equation······047
アルキメデスの原理
　Archimedes' principle······149
一般化されたフックの法則
　generalized Hooke's law······090
一方向流 one way flow······129
位置落差 head drop······026
渦あり rotational······037
渦糸 vortex filament······036
渦管 vortex tube······036
渦線 vortex line······036
渦度 vorticity······036
渦なし irrotational······037
永久歪み permanent strain······007
エネルギー保存の法則
　law of energy conservation······048
延性 ductile······008
オイラーの座屈荷重
　Euler's buckling load······024
オイラーの方程式
　Euler's equation of motion······049, 100
オイラーの方法 Euler's method······032
応力 stress······005

【か行】

回転波 distortional wave······104
外力項 external force term······101
ガウスの定理 Gauss' theorem······042
荷重 load······018
完全流体 perfect fluid······032, 094
慣性項 inertial term······101
クエット流 Couette flow······130
クッタ-ジューコフスキーの定理

Kutta-Joukowski's theorem······069
クロネッカーのデルタ
　Kronecker's delta······090
限界荷重 critical load······024
公称応力 normal stress······007
公称歪み normal strain······007
抗力 drag······068
抗力係数 drag coefficient······143
剛性率 modulus of rigidity······011
降伏点 yield point······007
構成方程式 constitutive equation······089
コーシーの公式 Cauchy's formula······076
コーシー-リーマンの関係式
　Cauchy-Riemann relation······057

【さ行】

座屈 buckling······022
残留歪み residual strain······007
軸（二重湧き出し）axis(of doublet)······062
質量保存の法則
　law of mass conservation······035
自由渦 free vortex······070
修正圧力 modified pressure······101
終端速度 terminal velocity······144
縮退 degeneration······123
循環 circulation······037
循環流 circular flow······061
真の応力 pure stress······007
吸い込み sink······060
ストークス近似
　Stokes' approximation······136
ストークス源 Stokeslet······139
ストークスの抵抗法則
　Stokes' law of resistance······143
ストークスの定理
　Stokes' theorem······038
ストークス流 Stokes flow······136
ストークス流体 Stokes fluid······096
ずり応力 shearing stress······006
ずれ，ずり shear strain······011

166

ずれ角 shear angle……011
ずれ弾性率 shear modulus……011
静圧 static pressure……050
静止流体 static fluid……093
静水圧 hydrostatic pressure……026
脆性 frailty……008
接線応力 tangential stress……006
線形弾性体 linear elastic solid……008, 089
せん断応力 shearing stress……006
速度ポテンシャル velocity potential……041
総圧 total pressure……050
総和規約 summation convention……043
塑性 plasticity……005
塑性歪み plastic strain……007

【た行】

体積弾性率 bulk modulus……009
体積粘性率 bulk viscosity……095
体積歪み volume dilatation……085
体積歪み速度
　rate of volume dilatation……089
体積力 body force……072
第二粘性率 the second viscosity……094
対流項 convection term……101
縦波 longitudinal wave……104
ダランベールのパラドックス（背理）
　d'Alembert's paradox……068
たわみ deflection……015
たわみ曲線 deflection curve……018
たわみ曲線の方程式
　equation of deflection curve……019
弾性 elasticity……005
弾性限界 elastic limit……007
弾性体 elastic body……005
弾性定数テンソル
　elastic modulus tensor……089
弾性波 elastic wave……103
断面2次モーメント
　moment of inertia of area……016
中立線 neutral line……015
中立面 neutral surface……015
調和関数 harmonics……054
強さ（湧き出し，吸い込み）

strength（of source, sink）……060
強さ（二重湧き出し）
　strength（of doublet）……062
定常流 steady flow……034
低レイノルズ数の流れ
　flow of low Reynolds number……136
テンソル tensor……077
動圧 dynamic pressure……050
動粘性率 kinematic viscosity……101
等方性 isotropic……008, 090
トリチェリーの定理
　Torricelli's theorem……050
トルク torque……015

【な行】

流れの関数 stream function……056
流れの場 field of flow……033
ナビエの方程式 Navier's equation……098
ナビエ−ストークスの方程式
　Navier-Stokes' equation……100
2次元流 two-dimensional flow……054
ニュートンの摩擦法則
　Newtonian friction law……096
ニュートン流体 Newtonian fluid……094
ねじれ torsion……014
ねじれ振動 torsional oscillation……030
粘性 viscosity……094
粘性係数テンソル
　viscous coefficient tensor……094
粘性項 viscous term……101
粘性率 viscosity……094

【は行】

ハーゲン−ポアズイユの法則
　Hagen-Poiseuille's law……135
ハーゲン−ポアズイユ流
　Hagen-Poiseuille flow……132
バロトロピー流体 barotropic fluid……027
引張り応力 tensile stress……005
引張り強度 tensile strength……007
非定常項 unsteady term……101
非定常流 unsteady flow……034
ピトー管 Pitot tube……050

比例限界 proportional limit……007
歪み strain……006
歪み速度テンソル
  rate of strain tensor……087
歪みテンソル strain tensor……079
表面波 surface wave……105
複素速度ポテンシャル
  complex velocity potential……058
節線 nodal line……122
フックの法則 Hooke's law……008, 089
フック弾性体
  Hookesian elastic body……089
ブラジウスの第1公式
  Blasius' first formula……071
ブラジウスの第2公式
  Blasius' second formula……071
平行流 parallel flow……129
平面流 plane flow……054
ベルヌーイ-オイラーの式
  Bernoulli-Euler's formula……017
ベルヌーイ関数 Bernoulli function……047
ベルヌーイの定理
  Bernoulli's theorem……048
ベルヌーイ面 Bernoulli's surface……048
ヘルムホルツの渦定理
  Helmholtz's vortex theorem……040
ヘルムホルツの基本定理
  Helmholtz's fundamental theorem……084
ヘルムホルツの定理
  Helmholtz's theorem……103
変形速度 rate of deformation……085
変形速度テンソル
  rate of deformation tensor……086
変形テンソル deformation tensor……079
ベンチュリ管 Venturi tube……070
ポアソン比 Poisson's ratio……009
法線応力 normal stress……006
膨張波 dilatational wave……104
ポテンシャル流 potential flow……041

【ま行】

マグナス効果 Magnus effect……066
曲げ bending……015

曲げ強さ, 曲げ剛性率
  flexural rigidity……017
面積力 surface force……072
モーメント(二重湧き出し)
  moment(of doublet)……062

【や行】

ヤング率 Young's modulus……008
揚力 lift……066
横波 transverse wave……104
淀み圧 stagnation pressure……050
淀み点 stagnation point……035, 050

【ら行】

ラグランジュの方法
  Lagrange's method……032
ラグランジュ微分
  Lagrangian derivative……033
ラプラスの方程式 Laplace's equation……054
ラブ波 Love's wave……105
ラメの弾性定数 Lamé's constants……090
流跡線 path line……035
流線 stream line……034
流線曲率の定理 curvature theorem……053
流管 stream tube……035
レイノルズ数 Reynolds number……126
レイノルズの相似法則
  Reynolds' law of similarity……127
レイリーの方程式
  Rayleigh's equaton……110
レイリー波 Rayleigh wave……105
連続体 continuum……002
連続体近似
  approximation of continuum……002
連続体粒子 particle of continuum……002
連続の方程式 equation of continuity……043

【わ行】

湧き出し source……060

168

半揚稔雄
はんよう・としお

1947 年，九州生まれ．北海道札幌育ち．
東京大学大学院工学系研究科航空学専門課程博士課程修了，工学博士．
防衛大学校および東京大学宇宙航空研究所などで宇宙飛翔力学を研究．
現在，明治大学兼任講師，成蹊大学および神奈川大学非常勤講師．

著書に，
『ミッション解析と軌道設計の基礎』，現代数学社(2014)
『惑星探査機の軌道計算入門──宇宙飛翔力学への誘い』，日本評論社(2017)
がある．

にゅうもん　れんぞくたい　りきがく
入門　連続体の力学

2017 年 9 月 25 日　第 1 版第 1 刷発行

著者　────　半揚稔雄
発行者　────　串崎 浩
発行所　────　株式会社　日本評論社
　　　　　　　　〒170-8474　東京都豊島区南大塚 3-12-4
　　　　　　　　電話　(03)3987-8621［販売］
　　　　　　　　　　　(03)3987-8599［編集］
印刷　────　株式会社　精興社
製本　────　井上製本所
装丁　────　STUDIO POT（山田信也）

© Toshio HANYOU 2017
Printed in Japan
ISBN 978-4-535-78853-4

JCOPY 〈(社)出版者著作権管理機構　委託出版物〉

本書の無断複写は著作権法上での例外を除き禁じられています．複写される場合は，そのつど事前に，(社)出版者著作権管理機構（電話：03-3513-6969，fax：03-3513-6979，e-mail：info@jcopy.or.jp）の許諾を得てください．また，本書を代行業者等の第三者に依頼してスキャニング等の行為によりデジタル化することは，個人の家庭内の利用であっても，一切認められておりません．

惑星探査機の軌道計算入門
宇宙飛翔力学への誘い

半揚稔雄[著] ■本体2,200円+税

人工衛星や惑星探査機における軌道計算と軌道決定のカラクリを、
高校の数学・物理の知識をもとに分かりやすく紹介します。

 日評ベーシック・シリーズ 物理入門

力学 御領 潤[著] ■本体2,400円+税
物理で最初に学ぶ力学を、初学者が詰まりそうなところに配慮して丁寧に解説。

解析力学 十河 清[著] ■本体2,400円+税
変分法の考え方を基礎から説く。

相対性理論 小林 努[著] ■本体2,200円+税
特殊相対性理論と一般相対性理論のさわりを解説する入門書。
論理の飛躍やブラックボックスを極力排し、過程をていねいに見せる。

*シリーズ以下続刊

量子力学	畠山 温[著]
電磁気学	中村 真[著]
熱力学	河原林 透[著]
統計力学	出口哲生[著]
物理数学	山崎 了+三井敏之[著]
振動・波動	羽田野直道[著]

日本評論社
https://www.nippyo.co.jp/